COURS D'ÉTUDES SCIENTIFIQUES
A L'USAGE DES CLASSES DE LETTRES

ÉLÉMENTS
D'HISTOIRE NATURELLE
DES ANIMAUX

Rédigés conformément aux programmes officiels
du 2 août 1880

POUR LA CLASSE DE HUITIÈME

PAR

EDMOND PERRIER

Agrégé de l'Université
Ancien maître de Conférence à l'École normale supérieure
Professeur au Muséum d'histoire naturelle de Paris

OUVRAGE ILLUSTRÉ DE FIGURES INTERCALÉES DANS LE TEXTE

PARIS

LIBRAIRIE HACHETTE ET Cie

79, BOULEVARD SAINT-GERMAIN, 79

1881

ÉLÉMENTS

D'HISTOIRE NATURELLE

DES ANIMAUX

PARIS. — IMPRIMERIE ÉMILE MARTINET, RUE MIGNON, 2

Mygale dévorant un oiseau-mouche (page 85).

ÉLÉMENTS

D'HISTOIRE NATURELLE

DES ANIMAUX

Rédigés conformément aux programmes officiels
du 2 août 1880

POUR LA CLASSE DE HUITIÈME

PAR

EDMOND PERRIER

Agrégé de l'Université
Ancien maître de Conférences à l'École normale supérieure
Professeur au Muséum d'histoire naturelle de Paris

OUVRAGE ILLUSTRÉ DE 244 GRAVURES INTERCALÉES DANS LE TEXTE

PARIS

LIBRAIRIE HACHETTE et Cie

79, BOULEVARD SAINT-GERMAIN, 79

1881

ÉLÉMENTS D'HISTOIRE NATURELLE

DES ANIMAUX

CLASSE DE HUITIÈME

Notions élémentaires

Cet enseignement sera fait exclusivement au point de vue descriptif, avec l'emploi fréquent de types originaux et d'objets figurés. Il sera complété par les excursions instructives.

Différence des êtres vivants et des êtres inanimés.

Différences apparentes des animaux et des végétaux. Ce qu'on entend par *règnes*. Les plus gros êtres vivants; les plus petits visibles à l'œil nu, à la loupe, au microscope.

Animaux terrestres, aquatiques, volants; diurnes et nocturnes.

Distribution des animaux les plus connus dans les régions arctiques, tempérées, torrides.

Croissance de l'animal. Allaitement. Œufs et poussins. Métamorphoses de la grenouille, du ver à soie, de la mouche.

La chasse et la pêche. Animaux utiles, nuisibles, domestiques.

Différences entre les animaux : animaux ayant des os ou des arêtes; squelette.

Animaux dépourvus de squelette et formés d'anneaux.

Animaux à peau molle sans coquille, comme la limace, ou avec une coquille.

Vers de terre.

Animaux ayant l'apparence de plantes.

Animaux couverts de poil, ayant des mamelles.

Animaux couverts de plumes. Fabrication des nids.

Animaux froids : serpents, tortues, lézards, grenouilles, poissons.

NOTIONS ÉLÉMENTAIRES

DE

ZOOLOGIE

PREMIÈRE LEÇON

DIFFÉRENCES APPARENTES DES ANIMAUX ET DES VÉGÉTAUX.
— CE QUE L'ON ENTEND PAR RÈGNES. — DIFFÉRENCES
DES ÊTRES VIVANTS ET DES ÊTRES INANIMÉS.

Si l'on vous demandait de nommer quelques *animaux*, chacun de vous s'empresserait de désigner le chien, le cheval, le moineau, la carpe, le hanneton, l'escargot; il ne viendrait pas à votre esprit d'ajouter à cette liste le chêne, le rosier, la mousse, le champignon. Vous savez tous que ce sont là des *plantes* et vous seriez bien surpris de voir un de vos camarades confondre une plante avec un animal.

Vous savez même que les plantes et les animaux sont des *êtres vivants*, bien différents en cela des pierres, de la terre, de l'eau, qui sont des *êtres inanimés*.

Et cependant, si l'on vous demandait encore en quoi les êtres vivants diffèrent de ceux qui ne le sont pas, en quoi même les plantes diffèrent des animaux, peut-être seriez-vous embarrassés. De très grands savants l'ont été avant vous.

Nous devons causer ensemble des animaux; il faut bien

pourtant que nous sachions pourquoi nous les distinguons
des plantes, dont vous étudierez prochainement l'histoire,
et, comme les animaux sont des êtres vivants, il faut bien
aussi que nous sachions pourquoi nous les appelons ainsi.
Rappelez-vous ce que vous avez depuis longtemps
appris tout seuls des plantes et des animaux que vous
connaissez ; vous allez trouver sans peine une première
réponse à tous ces pourquoi.

La vie des animaux. — Les animaux se meuvent,
comme nous, quand ils le veulent. Le plus souvent, quand
on les touche, ils témoignent par quelque mouvement ou
par un cri qu'ils ont senti le contact de la main ou de
l'objet qui s'est posé sur eux.

Pour s'entretenir à l'état vivant, ils doivent, comme
nous, manger, boire et respirer ; en un mot, se *nourrir*.
Sans cela, ils mourraient. La plupart, capables de se
mouvoir à la surface de la terre, dans l'air ou dans l'eau,
vont eux-mêmes à la recherche de leur nourriture ;
quelques-uns, fixés au sol, comme les huîtres ou les coraux,
se meuvent cependant assez pour attirer à eux les petits
êtres qui leur servent d'*aliments*. Tous introduisent ces
aliments à l'état solide dans la cavité de leur corps, où ils
les décomposent, en gardent une portion, qui fait désormais partie d'eux-mêmes, et rejettent l'autre.

Tous les animaux ont, en outre, besoin d'introduire de
l'eau dans leur intérieur. Ceux qui vivent dans l'air sont
ainsi forcés de boire, de même qu'ils sont forcés de
manger. Ceux qui vivent dans l'eau, comme les poissons,
boivent pour ainsi dire perpétuellement par quelque partie de la surface de leur corps qui se laisse toujours plus
ou moins pénétrer par l'eau et ne peuvent manger sans
avaler une certaine quantité de ce liquide.

Tous les animaux ont également besoin d'air. Les
poissons ne peuvent vivre dans l'eau que parce que celle-
ci contient de l'air. On voit cet air se dégager par petites
bulles lorsqu'on vient à chauffer légèrement l'eau ordi-

naire. De l'eau qui a bouilli pendant quelque temps a abandonné tout l'air qu'elle contenait et n'en reprend, en se refroidissant, qu'une faible quantité. Essayez de mettre un goujon ou un poisson rouge dans cette eau bouillie, à qui il ne manque que de l'air, votre poisson sera mort en quelques minutes.

En dehors de leur nourriture proprement dite, tous les animaux absorbent donc de l'eau et de l'air.

Les substances extraites par l'animal de ses aliments, l'eau qu'il boit, l'air qu'il respire, contribuent à augmenter le poids et le volume de son corps. Tous les animaux naissent, en effet, avec une taille bien inférieure à celles qu'ils auront plus tard. Cette taille s'accroît peu à peu et atteint plus ou moins rapidement, pour chacun, une limite qui n'est pas dépassée.

Quand l'animal a acquis sa taille définitive, il ne cesse pas pour cela de manger, de boire et de respirer. Il continue donc à introduire dans son corps des substances qui devraient le rendre plus lourd ; cependant son poids ne change plus. Cela prouve que l'animal rejette, à ce moment, une quantité de substances égale à celle qu'il absorbe. Même quand il s'accroît, l'animal n'en rejette pas moins sans cesse au dehors quelque chose de lui-même. Il est facile de montrer combien sont abondantes les pertes qu'il fait ainsi constamment.

Chaque mouvement qui fait entrer l'air dans notre poitrine , est suivi d'un mouvement qui en chasse une certaine quantité. Dirigez l'air que vous expulsez ainsi sur la vitre d'une fenêtre exposée au froid, vous verrez se déposer sur cette vitre d'innombrables petites gouttelettes d'eau ; souvent, durant l'hiver, ces goutte-lettes se forment même dans l'air ; mais, leur taille étant extrêmement petite, elles apparaissent devant la bouche comme un brouillard ou une sorte de fumée. L'air rejeté hors de la poitrine contient plus d'eau que l'air qui y pénètre, puisque celui-ci ne mouillait pas la vitre avec laquelle il était en contact.

Cette eau ne peut provenir que de notre corps.

Une quantité d'eau considérable est encore exhalée constamment sous forme de sueur, ou rejetée de plusieurs autres manières.

Autre exemple : Soufflez, au moyen d'un tube de verre ou simplement d'une paille, au travers d'une dissolution bien transparente de chaux dans l'eau. Vous verrez aussitôt la dissolution se troubler, et un dépôt blanc se formera peu à peu sur le fond du vase qui la contient. L'air d'un soufflet, traversant, en quantité bien plus grande, la même eau de chaux, n'y produirait qu'un dépôt insignifiant. L'air qui sort de la poitrine contient donc en abondance une substance nouvelle qui n'existe qu'en petite quantité dans l'air ordinaire. Cette substance, qui a l'apparence de l'air, mais qui est impropre à entretenir la respiration, est la même qui se dégage sous forme de bulles de l'eau de Seltz, de la bière, du vin de Champagne et dont tout le monde connaît la saveur légèrement aigrelette. C'est aussi la même qui se forme quand du charbon brûle dans l'air et qui finit par rendre la respiration impossible dans une chambre où un réchaud est allumé. Elle contient, par conséquent, du *charbon ;* elle a d'ailleurs une saveur piquante ou *acide*, deux raisons qui lui ont fait donner le nom d'*acide carbonique*.

La respiration enlève donc constamment au corps de l'eau et du charbon que les aliments lui restituent ; d'autres substances lui sont encore enlevées de diverses façons et il arrive un moment où le total de ces pertes n'est plus compensé par celui des substances introduites dans le corps. L'animal commence alors à perdre de son poids, à maigrir.

Finalement, la mort arrive. Toutes les parties molles du corps se décomposent alors, en répandant autour d'elles une odeur repoussante.

La vie des plantes. — De même que les animaux, les plantes, représentées d'abord par une graine ou par une semence très petite, grandissent peu à peu. Comme on le dit, dans le langage ordinaire, elles *poussent*, et leur poids augmente en même temps que leurs dimensions ; puis elles dépérissent, meurent et se décomposent. Mais, dans les périodes successives de leur existence ou après leur mort, elles présentent avec les animaux des différences frappantes.

Leurs dimensions et leur poids ne peuvent augmenter que parce qu'elles puisent autour d'elles, dans l'air, dans l'eau ou dans le sol, des substances qu'elles ajoutent à la leur ; elles se nourrissent donc comme les animaux. Mais, tandis que ceux-ci recherchent eux-mêmes leur nourriture et utilisent, pour se la procurer, leur faculté de se mouvoir, les plantes demeurent immobiles à la place où leur semence a germé, et sont d'ordinaire fixées au sol à l'aide de leurs racines. Elles ne possèdent pas de cavité intérieure dans laquelle elles puissent introduire et digérer des aliments solides ; elles puisent directement à l'état liquide, dans la terre, ou empruntent à l'air lui-même les substances dont elles se nourrissent. C'est pourquoi la plupart possèdent des racines souterraines, ramifiées à l'infini, en même temps qu'elles étalent dans l'air leurs innombrables feuilles, dont la couleur verte est très rare chez les animaux.

L'air est aussi nécessaire aux plantes qu'aux animaux : cependant les substances qu'elles en extraient sont bien différentes de celles qu'en extraient ces derniers. Une expérience très simple va nous le prouver. Enfermez une souris sous une cloche de verre dans laquelle l'air ne puisse être renouvelé ; alors même qu'elle n'aura pu souffrir ni de la faim, ni de la soif, la souris ne tardera pas à mourir et, si vous la remplacez sous la cloche, sans en changer l'air, par une autre souris ou par un animal de même taille, celui-ci mourra presque aussitôt.

La souris a donc rendu irrespirable pour les animaux l'air dans lequel elle a vécu. Si vous faites passer cet air au travers d'un flacon d'eau de chaux, il se formera dans cette eau le dépôt blanc dont nous parlions tout à l'heure. L'air de la cloche contient donc une quantité considérable d'acide carbonique.

Introduisez maintenant dans la même cloche, après l'avoir de nouveau remplie d'air et y avoir laissé mourir une autre souris, non plus un animal, mais une plante. La plante continuera à vivre, comme auparavant; mais, chose bien remarquable! l'air aura recouvré, au bout de quelque temps, la faculté d'entretenir la respiration d'un animal. Bien plus, une troisième souris, ou un oiseau pourra vivre sous la cloche indéfiniment à côté de la plante, et l'air dans lequel il aura respiré ne troublera plus que légèrement l'eau de chaux.

Les plantes reprennent donc à l'air l'acide carbonique qu'y rejettent incessamment les animaux et lui rendent la partie respirable que ces derniers lui enlèvent. De l'acide carbonique, elles ne gardent que le charbon, qui forme une grande partie de leur substance, si bien que le charbon de bois que nous brûlons dans nos fourneaux présente encore complètement la forme des branches ou des rameaux d'où il provient.

C'est grâce aux plantes que l'air dans lequel nous vivons conserve indéfiniment la faculté d'entretenir la respiration des animaux; inversement, c'est grâce à la respiration des animaux que les plantes trouvent constamment dans l'air le charbon qui leur est nécessaire pour se nourrir. L'action des plantes sur l'atmosphère est donc à peu près le contraire de celle des animaux.

Après leur mort, les plantes se décomposent comme les animaux, mais chacun sait que le bois, les herbes et les feuilles se détruisent sans produire les exhalaisons repoussantes que répandent autour d'eux les cadavres des animaux. Elles ne contiennent donc pas les mêmes substances que ces derniers; leur composition est tout autre.

Différences des êtres vivants et des êtres inanimés. — Ainsi les végétaux et les animaux se nourrissent, grandissent, meurent spontanément et se décomposent. Depuis leur formation jusqu'à leur mort, ils ne cessent de rejeter des substances différentes de celles qu'ils absorbent; s'il entre sans cesse quelque chose en eux, il en sort toujours aussi quelque chose.

Les minéraux ne possèdent jamais l'ensemble de ces facultés. S'ils paraissent quelquefois grandir, comme les cristaux de sel qui se forment dans l'eau de mer quand on l'expose à l'air, c'est par le dépôt à leur surface de particules de leur propre substance et nullement par l'introduction dans leur intérieur de substances différentes; ce qui s'ajoute à eux, ils le gardent ou le rendent tel qu'ils l'ont reçu; ils n'éprouvent spontanément aucun changement de composition et de structure; leur aspect ne se modifie jamais de lui-même; ils durent enfin tant qu'aucun accident ne vient les détruire.

Les minéraux, ou *êtres inanimés*, doivent donc être distingués des animaux et des plantes : les propriétés communes aux animaux et aux plantes constituent ce qu'on appelle la *vie* ; les plantes et les animaux possédant seuls la vie, à l'exclusion des minéraux, sont appelés, pour cette raison, des *êtres vivants*.

Différences des animaux et des végétaux; ce qu'on entend par règnes. — Mais nous avons vu que la façon de vivre des plantes n'est pas la même que celle des animaux. Les animaux se meuvent quand ils le veulent; les plantes n'exécutent aucun mouvement volontaire; elles ne se nourrissent pas des mêmes substances que les animaux, ne se procurent pas de la même manière leur nourriture, et ne lui font pas subir les mêmes changements; les substances qui entrent dans leur composition sont en outre différentes.

La plupart présentent une couleur verte, très rare chez les animaux. Leur forme n'a rien de bien défini ; si les feuilles et les fleurs de deux poiriers se ressemblent beaucoup, les deux arbres eux-mêmes peuvent avoir l'aspect le plus différent ; la forme des animaux est au contraire le plus souvent tellement constante, qu'il est très difficile de distinguer, par exemple, deux lièvres ou deux renards l'un de l'autre.

Il est donc naturel de partager les êtres vivants en deux grandes catégories, auxquelles on donne le nom de *règnes*. Le *règne animal* comprend tous les animaux ; le *règne végétal* toutes les plantes. Le mot *règne* a ici la même signification que le mot *royaume* dans le langage ordinaire : dire le *règne animal* équivaut à dire le *royaume des animaux*. C'est dans ce royaume que nous allons faire un premier voyage et nous chercherons d'abord à nous rendre compte de l'étendue des domaines que nous allons avoir à parcourir.

DEUXIEME LEÇON

Le nombre des animaux qui existent sur la terre est incalculable et leurs formes paraissaient déjà d'une variété infinie aux naturalistes qui ne connaissaient des êtres vivants que ceux qui sont visibles à l'œil nu. Mais nos yeux sont insuffisants pour nous faire connaître tout

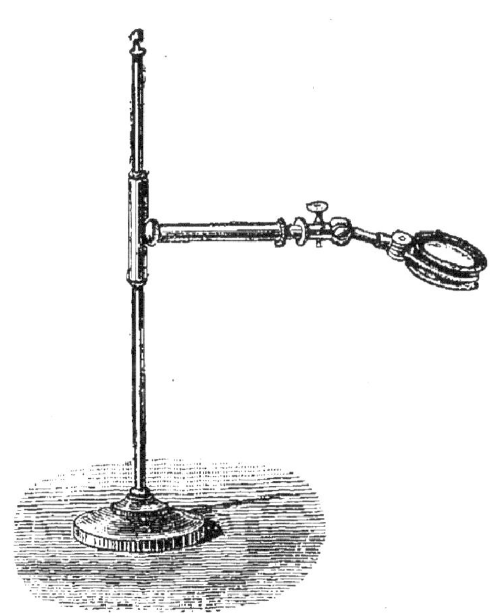

FIG. 1. — Loupe montée sur son pied.

ce qui vit. Une multitude de plantes et d'animaux ont passé tout à fait inaperçus jusqu'à l'invention de la *loupe* (fig. 1), simple lentille de verre, au travers de laquelle on voit les objets grossis.

Un merveilleux instrument, le *microscope* (fig. 2), essentiellement formé d'une combinaison de lentilles dont chacune fonctionne comme une loupe qui grossit l'image

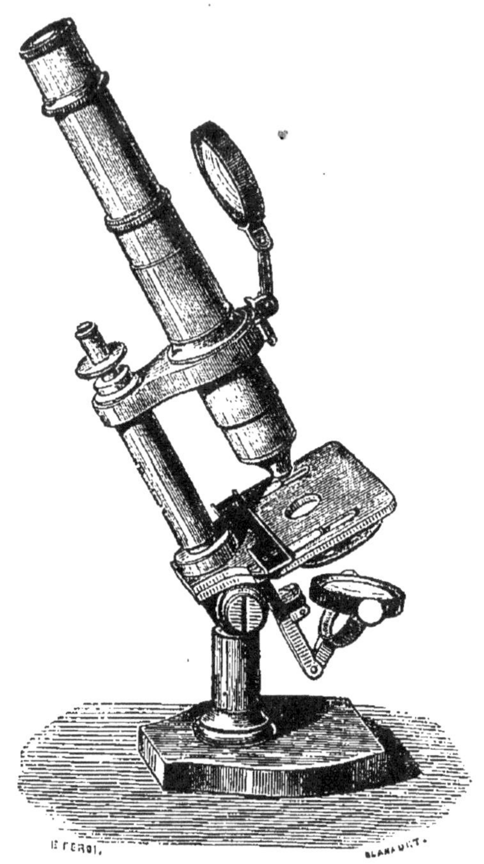

FIG. 2. — Microscope.

formée par la loupe précédente, révèle encore tous les jours l'existence de petits êtres demeurés inconnus.

La taille de certains d'entre eux ne dépasse pas un demi-millième de millimètre. Une goutte d'eau pourrait en contenir des millions.

Importance des êtres microscopiques. — Les êtres mi-

croscopiques pullulent partout autour de nous. Quand ils apparaissent quelque part, c'est par légions innombrables.

Aussi leur présence est-elle généralement signalée par des effets considérables. Les plus petits d'entre eux viennent parfois s'établir dans notre propre personne et sont la cause des plus dangereuses maladies, telles que le charbon, la variole, le croup, la fièvre scarlatine, la rougeole, la fièvre typhoïde, la fièvre pernicieuse et très probablement le choléra, la peste, la rage, ainsi que beaucoup d'autres encore. On donne souvent à ces dangereux petits êtres, le nom de *microbes*[1], qui rappelle leur petitesse (fig. 3). Aux plus forts grossissements du mi-

FIG. 3. — Microbes.

croscope qui peuvent faire paraître un objet jusqu'à deux mille fois plus long qu'il n'est en réalité, quelques-uns semblent un point à peine visible. Ces microbes se multiplient avec une effrayante rapidité. Un seul, introduit dans notre corps, suffit en quelques jours à en engendrer des milliards qui se répandent dans tous nos organes et y produisent les plus graves désordres. Un homme atteint des maladies qu'ils provoquent répand en quantité leurs germes autour de lui, les communique à ceux qui l'approchent et qui prennent à leur tour sa maladie. Les maladies causées par les microbes semblent donc se gagner par le contact et appartiennent, pour cette raison, à la catégorie de *maladies contagieuses*.

D'autres maladies contagieuses, comme la *teigne* qui s'attaque à la racine des cheveux et de la barbe, doivent

1. Du grec, *micros* petit et *bios* vie.

être attribuées au développement dans l'épaisseur de l
peau de petits êtres vivants. On peut voir avec une sim
ple loupe l'horrible petit *acarus* (fig. 4) qui détermine
une maladie des plus repoussantes, la *gale*. Il ressemble
beaucoup au *ciron* (fig. 5), qui se multiplie en abondance

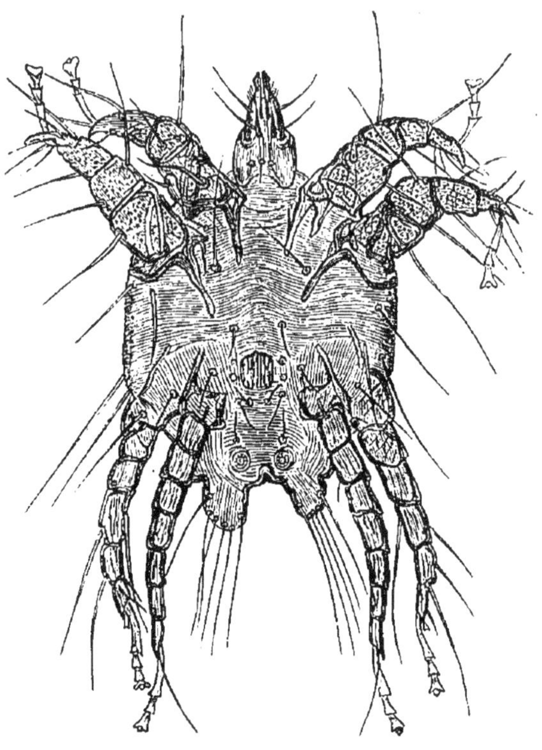

Fig. 4. — Acarus de la gale.

sur certains fromages et que vous pouvez examiner à la
loupe, tout à votre aise, sans avoir rien à craindre.

Ce sont des organismes à peine plus gros que les microbes, semblables à de tout petits globules arrondis qui,
vivant dans du jus de pommes ou de raisins, dans des infusions d'orge, dans la pâte de farine de blé, dans l'alcool,
les font *fermenter* et produisent ainsi le cidre, le vin, la
bière, le pain ou le vinaigre. D'autres font aigrir le lait,

rancir le beurre, ou bien président à la décomposition des animaux et des végétaux frappés de mort. On donne à cette catégorie de microbes le nom de *ferments* ou de *levûres.*

Les germes de beaucoup de ferments flottent en grande quantité dans l'air : partout où se trouve une substance qui pourrait entretenir leur vie, l'air apporte bientôt un de ces germes. De sorte que les fermentations qu'ils déterminent se font presque toujours spontanément, sans

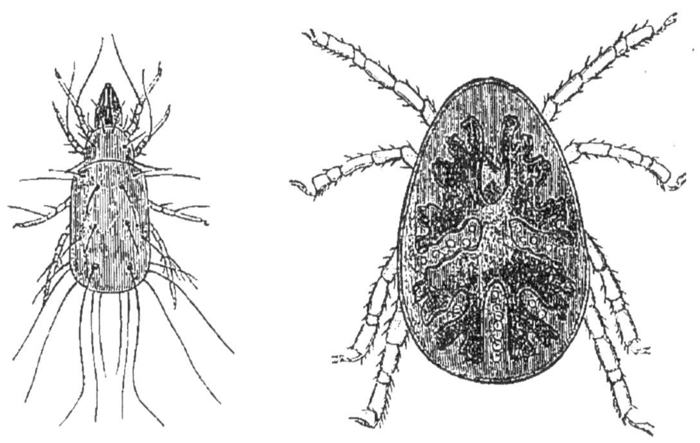

FIG. 5. — Ciron du fromage et mite de la poule.

qu'on ait besoin de se préoccuper de produire celles qui sont utiles? En revanche, il est souvent difficile d'empêcher celles qu'on voudrait éviter. La chaleur cependant tue les ferments et leurs germes; c'est pourquoi on plonge quelque temps dans l'eau bouillante, après les avoir enfermés dans des boîtes hermétiquement closes, les viandes et les fruits qu'on désire conserver longtemps.

L'air charrie également en abondance les germes ou les œufs de petits animaux, dont quelques-uns commencent déjà à être visibles à l'œil nu et apparaissent dans le liquide où ils se trouvent comme des points vivants, blanchâtres ou colorés. Quand de l'eau a séjourné sur des herbes ou des matières animales, elle s'est chargée des substances solubles qui y sont contenues et forme ce qu'on appelle une *infusion*. Des animalcules dont les œufs ont été portés par l'air, trouvant alors à s'y nourrir, ne tardent pas à s'y développer en telle abondance que l'eau devient trouble et exhale en même temps une odeur fétide, celle de l'eau où l'on a mis tremper un bouquet, quand elle n'a pas été suffisamment renouvelée. On appelle les animalcules des infusions des *infusoires*,

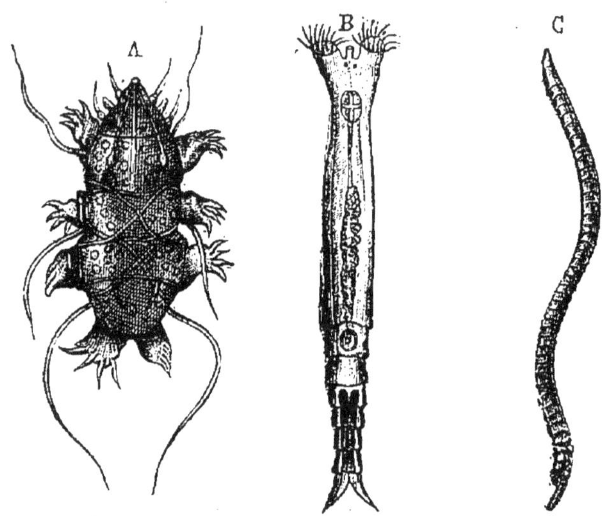

FIG. 6. — Animaux ressuscitants : tardigrade, rotifère, anguillule.

en raison des conditions où on les trouve d'ordinaire, et l'on étend souvent ce nom à tous les êtres microscopiques.

Quand on examine les infusoires au microscope, on demeure émerveillé de l'étrangeté et de la variété de de leur forme. La plupart sont d'une agilité surprenante : on les voit se livrer des combats, donner la chasse aux plus petits, les dévorer, aller, venir, courir, s'arrêter,

vivre en un mot exactement comme le font les animaux
supérieurs.

Les Tardigrades qui habitent dans la mousse des toits,
les Rotifères que l'on trouve dans les moindres flaques
d'eau, certains petits vers, les Anguillules, sont à peine
plus gros que les infusoires et jouissent de la singulière
propriété de revenir à la vie lorsque, après les avoir tués
en apparence, en les desséchant, on les remet de nouveau
dans l'eau (fig. 6).

Les eaux douces et la mer contiennent des légions
innombrables d'êtres microscopiques. L'un d'eux pul-

Fig. 7. — Noctiluques très grossies

lule quelquefois en si grande abondance dans les eaux
de la mer Rouge, qu'il leur communique sur de vastes
étendues la couleur à laquelle cette mer doit son nom. Un
autre, la *noctiluque* (fig. 7), rend, à certains moments,
la mer laiteuse pendant le jour : il répand pendant
la nuit une vive lumière semblable à celle d'un tout
petit ver-luisant et produit alors le merveilleux phéno-
mène de la *phosphorescence* de la mer.

Beaucoup d'êtres microscopiques possèdent un squelette solide ou sont enveloppés d'une petite coquille
(fig. 8). Le squelette et la coquille se conservent après la
mort de l'être qui les a produits et forment alors dans
les endroits où ils s'accumulent une poussière dont cha-

que grain faisait autrefois partie d'un animal et où l'on trouve une infinité de formes d'une admirable élégance et d'une délicatesse inouïe. Trente grammes de sable du port de Gaëte ne contiennent pas moins d'un million et demi de ces squelettes invisibles. Des îles entières, la Barbade par exemple, en sont presque entièrement formées. Le tripoli, d'où l'on tire certaines couleurs et qui est employé à polir les métaux, n'est qu'une aggloméra-

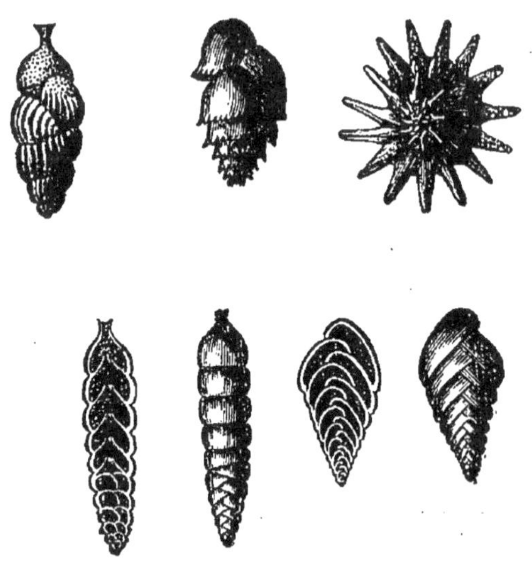

Fig. 8. — Coquilles d'êtres microscopiques.

tion de débris solides d'infusoires. La ville de Berlin est construite, en partie, sur un banc de ces animalcules qui a près de 40 mètres d'épaisseur. Des couches puissantes de terrain, celles de la craie, ne sont guère que des amas de leurs coquilles (fig. 9); il en existe près d'un million dans chaque centimètre cube de craie. Des êtres d'une taille à peine supérieure, les milioles, forment la plus grande partie des pierres dont est bâti Paris.

Ainsi un rôle immense appartient dans la nature aux êtres microscopiques. Non seulement tout ce qui vit doit compter avec eux, mais ils contribuent encore pour une large part à la construction de l'écorce terrestre. De nos jours, leur action n'a pas cessé : leurs squelettes couvrent d'une épaisse couche de vase les profondeurs de l'Atlantique.

Les plus grands animaux vivants. — Chose étrange !

Fig. 9. — Squelettes des animalcules de la craie vus au microscope.

ces infusoires vivent à peu près de la même façon que les plus grands animaux, exécutent les mêmes actes, et cependant quelle distance les sépare ! Tandis que l'œil le plus perçant ne saurait, sans le secours d'instruments spéciaux, apercevoir les uns dans l'eau où ils nagent, les autres nous étonnent par l'énormité de leur taille. Certaines baleines dépassent 30 mètres de long.

C'est près de deux fois la hauteur des plus hautes maisons de Paris. Leur poids peut atteindre 2500 quintaux.

La baleine franche (fig. 10) qu'on pêche dans le voisinage des mers glaciales du Nord atteint communément 20 mètres de long. Il en est de même des cachalots, dont l'énorme tête fournit au commerce la substance grasse connue sous le nom de *blanc de baleine* ou *spermaceti*, tandis qu'on trouve dans leurs intestins l'un des parfums les plus pénétrants, l'*ambre gris*.

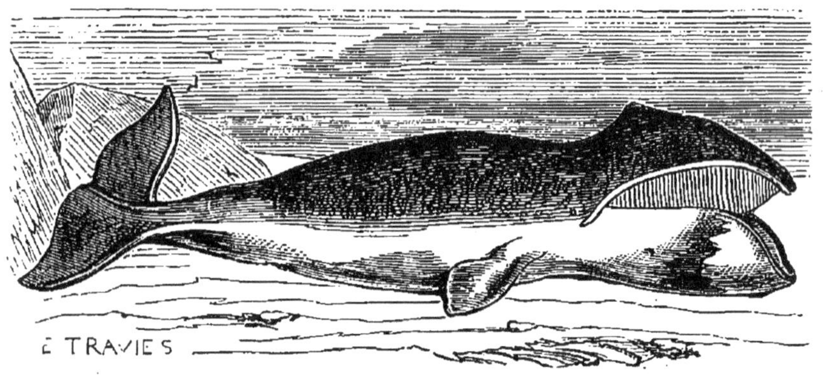

FIG. 10. — Baleine franche.

Auprès de la taille de ces géants des mers celle de nos plus grands animaux terrestres paraît bien réduite. Un éléphant pourrait passer sous la voûte formée par la mâchoire inférieure dressée verticalement de certaines baleines : on encadre quelquefois dans cette singulière ogive les grandes portes de nos Musées d'histoire naturelle.

L'éléphant (fig. 11) est le plus colossal des animaux qui vivent à terre. Cependant il dépasse rarement 3 mètres de hauteur, tandis que, grâce à son long cou, la girafe (fig. 55) dresse sa tête jusqu'à une hauteur de 5 mètres au-dessus du sol ; elle peut ainsi brouter les feuilles d'arbres élevés auxquelles d'autres animaux ne sauraient at-

teindre et vit où la plupart des herbivores mourraient de
faim. La girafe est un animal aux formes grêles et élan-
cées, de sorte que sa force et son poids sont très inférieurs
à ceux du robuste éléphant ; elle ne saurait le disputer davantage, sous ce rapport, à quelques autres animaux plus

Fig. 11. — Éléphant d'Asie.

petits qu'elle, mais massifs comme l'éléphant, tels que
le rhinocéros (fig. 54) et l'hippopotame (fig. 44).

Les oiseaux des plus grandes dimensions demeurent
bien au dessous des énormes quadrupèdes dont nous
venons de parler. L'autruche d'Afrique (fig. 88), bien
que son cou puisse s'élever à 2 mètres et demi de hauteur, n'acquiert jamais le poids d'un cheval. Les casoars

(fig. 12) de la Nouvelle-Guinée et des Moluques, les émeus d'Australie et les nandous d'Amérique ressemblent beaucoup à l'autruche ; ce sont, après elle, les plus grands des oiseaux, mais ils ne parviennent pas à ses proportions.

Tous ces grands animaux terrestres se nourrissent

FIG. 12. — Casoar à casque.

d'herbes et de feuilles ; les animaux qui se nourrissent de chair ne sont pas d'une aussi grande taille ; le lion et le tigre sont bien plus petits que l'éléphant ; l'aigle et le vautour (fig. 190) ont des dimensions très inférieures à celles de l'autruche. D'un bout à l'autre de ses ailes ouvertes, un vautour, le condor, n'en mesure pas moins près de 4 mètres. Cette distance entre les deux extrémités des ailes étendues comme pour voler est ce qu'on appelle l'*envergure* d'un oiseau. L'envergure n'a que peu de rapports avec la taille. Les frégates, dont le corps n'est pas aussi volumineux que celui d'une oie, ont cependant une envergure de 3 mètres.

Les plus grands crocodiles (fig. 221) ne sont pas très gros, mais ils s'étirent en longueur sans arriver cependant à une taille comparable à celle des baleines, les gavials du Gange n'ont pas plus de 5 à 6 mètres de long.

Certaines tortues marines acquièrent une taille suffisante pour peser plusieurs quintaux. Les plus remar-

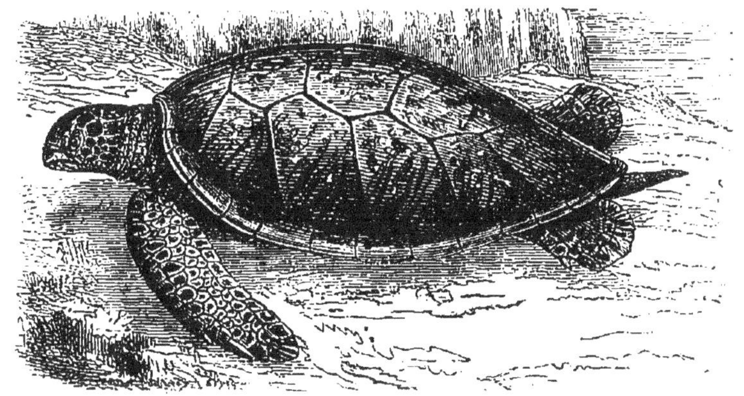

FIG. 13. — Tortue franche.

quables sont la tortue franche (fig. 13), qui habite l'océan Atlantique, et la tortue luth, qui se trouve à la fois dans cet océan et dans la mer Méditerranée. La tortue franche, que l'on recherche pour sa chair et pour l'*écaille* qu'elle fournit, arrive à 2 mètres de long et pèse quelquefois 450 kilogrammes. La tortue luth est plus grande encore : on en a vu qui mesuraient $2^m,50$ et qui pesaient 800 kilos.

De tous les serpents, le plus redouté pour sa taille, le boa, de l'Amérique du Sud, ne dépasse pas 5 mètres. Toutefois, d'autres serpents que l'on confond souvent avec lui, les pythons d'Afrique et d'Asie, ont quelquefois 8 mètres de long.

Un poisson, le requin (fig. 14), vient immédiatement après le cachalot et la baleine parmi les habitants de la mer. Il est d'ailleurs infiniment plus redoutable. Les baleines et les cachalots ont le gosier tellement étroit, qu'ils ne peuvent avaler que des poissons très faibles, ou même des animaux beaucoup plus petits que les poissons et qui nagent par bandes immenses dans la mer. Toute chair est, au contraire, bonne pour les requins, qui s'attaquent

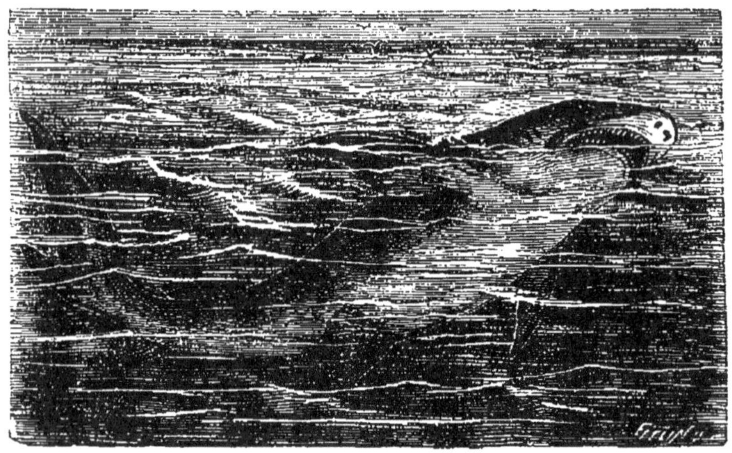

Fig. 14. — Requin.

volontiers aux grandes proies et semblent même avoir un goût prononcé pour la chair humaine. Ces monstres, qui vivent dans toutes les mers, ont quelquefois plus de 10 mètres de long et peuvent peser jusqu'à 500 kilos.

Les grands animaux disparus. — Il a vécu autrefois des animaux terrestres plus grands que nos contemporains. Mais il faudrait se garder de croire pour cela que les animaux et les végétaux qui vivaient avant l'apparition de l'homme sur la terre fussent généralement de plus haute stature que ceux qui vivent aujourd'hui autour de nous. Il y avait autrefois, comme de nos jours, des animaux et des végétaux de toutes tailles, les uns microscopiques, les autres gigantesques : ces derniers ont toujours été l'exception. Ils étaient souvent très différents de ceux qui sont aujourd'hui nos compagnons.

On a récemment trouvé à Durfort, dans le département du Gard, le squelette complet d'un éléphant qui avait dû être beaucoup plus gros que les éléphants actuels, et l'on retire encore de temps en temps des glaces de la Sibérie

FIG. 15. — Mammouth.

le corps entier, parfaitement conservé et tout couvert de longs poils, d'éléphants aux défenses énormes, d'un tiers plus grands que les éléphants d'Afrique. Ces éléphants, organisés pour vivre dans les pays froids, ont reçu le nom de *mammouths* (fig. 15).

Les mastodontes, disparus depuis plus longtemps que les mammouths, ressemblaient beaucoup aux éléphants, dont ils avaient la taille ; mais la plupart portaient quatre défenses, tandis que nos éléphants n'en ont jamais que deux. Ils habitaient l'Europe et l'Amérique.

A une époque relativement récente vivaient en Amé-

FIG. 16. — Mégatherium.

rique d'étranges animaux couverts d'une fourrure épaisse, armés d'ongles puissants et recourbés, et dont la taille n'était guère inférieure à celle des éléphants et des rhinocéros ; c'étaient les *megatheriums* (fig 16) et les *mylodons*. Leur physionomie était bien différente de celle de la plupart de nos animaux contemporains ; ces énormes quadrupèdes pouvaient se dresser sur leurs pattes de derrière et se tenir debout, comme le font les kangurous d'Australie, en s'appuyant sur leur robuste queue.

On peut citer, parmi les plus étranges animaux qui aient jamais existé, l'*Iguanodon*, immense lézard qui avait jusqu'à 16 mètres de long, portait une sorte de corne sur le front et marchait, comme un oiseau, debout sur ses pattes de derrière, sa longue queue traînant sur le sol.

Un autre lézard, son contemporain, le mégalosaure, atteignait 15 mètres de longueur ; il marchait sur ses quatre pattes, qui étaient suffisamment robustes et allongées pour que le ventre de l'animal ne touchât pas la terre. Aussi son allure ressemblait-elle davantage à celle d'un hippopotame qu'à celle d'un crocodile.

Les mers anciennes ont nourri d'autres animaux, rappelant un peu nos crocodiles, tels que l'ichtyosaure, qui pouvait avoir 10 mètres de long ; mais ces monstres restaient inférieurs pour la taille à nos baleines ; il en est de même des iguanodons, qui sont les plus grands animaux terrestres qui aient jamais vécu et qui étaient herbivores comme les éléphants, les rhinocéros et les hippopotames.

Les plus grands oiseaux dont on ait retrouvé la trace ont été nos contemporains ; ils ont aujourd'hui disparu. Ils manquaient totalement d'ailes et vivaient à la Nouvelle-Zélande. C'étaient le *dinornis* (fig. 17), qui pouvait avoir jusqu'à 3 mètres de haut, et le *palaptéryx*, qui était de la taille d'une autruche.

Après eux, l'*épyornis* de Madagascar, également disparu, mérite une mention. Ses œufs avaient un volume égal à celui de cent cinquante œufs de poule ou de huit à dix œufs d'autruche.

Ces géants de la classe des oiseaux ont été totalement détruits par l'homme, comme beaucoup d'autres espèces sans défense ou activement recherchées et qu'on a vues

s'éteindre moins de cent ans après leur découverte.
Ainsi, depuis qu'il existe des êtres vivants, leurs dimensions ont toujours varié à peu près dans les mêmes

FIG. 17. — Dinornis.

limites. Les animaux les plus petits sont demeurés sensiblement les mêmes. Quant aux plus gros, ils ont pu
être tantôt voisins des crocodiles, tantôt voisins des
baleines. Il n'y a plus de crocodiles dont les dimensions

soient comparables à celles des grands animaux des périodes géologiques ; mais les baleines ont atteint seulement de nos jours l'apogée de leur taille, et ce sont les
hommes qui ont détruit les plus gros oiseaux qui aient
vécu sur la terre.

Le monde vivant ne présente donc aujourd'hui aucun
signe de décadence, comme on est quelquefois tenté
de le croire, et, si les grands animaux sont maintenant
plus rares qu'ils ne paraissaient l'être autrefois, c'est
surtout parce que leur taille les désignait naturellement
aux coups de l'homme, à qui son intelligence assure toujours la victoire lorsqu'il déclare la guerre à une espèce
animale.

TROISIÈME LEÇON

ANIMAUX TERRESTRES, AQUATIQUES, VOLANTS, DIURNES
ET NOCTURNES

Animaux terrestres et volants : Mammifères, Reptiles, Oiseaux. — L'eau, la terre et l'air offrent aux animaux trois vastes domaines. Mais bien peu d'espèces peuvent vivre indifféremment dans chacun d'eux ; la plupart des animaux possèdent une organisation qui les condamne soit à la vie aérienne, soit à la vie aquatique, soit à la vie terrestre, et ne leur permet pas d'abandonner le milieu où ils sont nés.

Le plus souvent, l'examen le plus superficiel d'un animal conduit à reconnaître quel est son séjour ordinaire. La façon dont son corps est protégé, la forme de ses membres donnent les indications les plus précises sur ses habitudes. Il est des animaux, tels que les chiens, les chats, les chevaux, dont le corps est couvert de poils : comme ils possèdent en même temps des mamelles chargées de produire le lait dont ils nourrissent leurs petits, on les appelle des *mammifères* [1] ; d'autres sont, au contraire, couverts de plumes et tout le monde leur donne le nom d'*oiseaux* ; d'autres enfin ont la peau écailleuse et possèdent quatre pieds, comme les lézards (fig. 18), ou sont dépourvus de membres, comme les serpents.

---

1. Mot composé des deux mots latins *mamma*, mamelle et *ferre*, porter.

Tous ces animaux peuvent également marcher sur le sol. Les uns ont les jambes assez longues pour tenir leur corps éloigné du sol : ils *marchent, sautent* ou *courent;* chez les autres, tels que les lézards, les pattes sont courtes, le ventre traîne à terre ; c'est encore bien pis quand elles manquent totalement, comme chez les serpents ; on dit des lézards et des serpents qu'ils *rampent* et on leur donne, pour cette raison, le nom de *reptiles*[1].

Comparez maintenant les membres d'un moineau (fig. 19) à ceux d'une souris (fig. 20) et d'un lézard

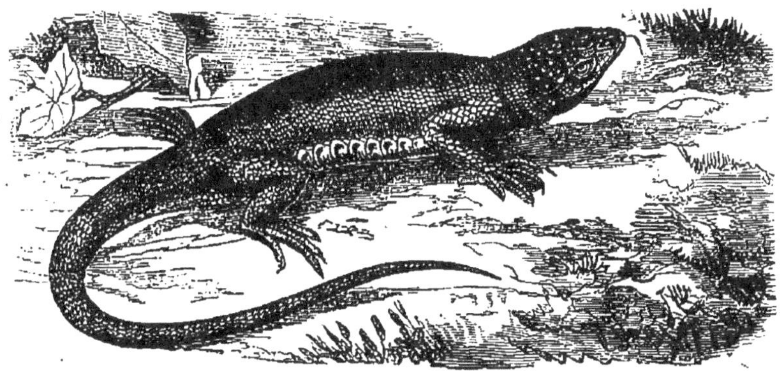

FIG. 18. — Lézard vert.

(fig. 18) : tout de suite des différences sautent aux yeux. La souris et le lézard ont quatre pattes qui se ressemblent beaucoup ; comme celle de la souris, la patte du lézard se compose, en effet, d'une cuisse, d'une jambe et d'un pied terminé par des doigts qui sont même, chez les deux animaux, au nombre de cinq. Le moineau paraît, au contraire, **n'avoir que deux pattes**; ses pattes présentent aussi une cuisse, une jambe et un pied; mais le pied n'est terminé que **par quatre doigts**. Chez la souris et le lézard, les cinq doigts sont dirigés tous

2. Du verbe latin *reptare,* ramper.

FIG. 19. — Moineau

FIG. 20. — Souris.

les cinq en avant; l'animal ne peut rien saisir à moins de se servir à la fois de ses deux mains, comme le font quelquefois les souris ; il est condamné à courir à la surface du sol ou à grimper en s'accrochant avec ses griffes. Chez le moineau, trois doigts sont dirigés en avant, le quatrième est dirigé en arrière et peut se rapprocher des autres, comme nous rapprochons notre pouce de nos propres doigts ; aussi l'oiseau saisit-il facilement avec ses pattes de petits objets, tels que les menues branches. C'est grâce à cela qu'il peut non

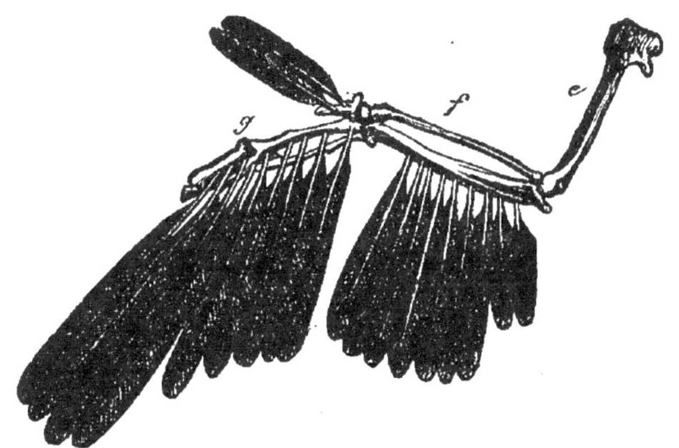

FIG. 21. — Aile de moineau montrant les pennes qui s'attachent à l'avant-bras et à la main.

seulement courir sur le sol, mais encore *percher* sur les arbres.

Comment se fait-il que l'oiseau n'ait que deux pattes, tandis que tant d'autres animaux en ont quatre ? Regardez ce coq (fig. 21) ouvrir ses ailes. Elles sont exactement à la place où devraient se trouver les pattes de devant. Comptez les parties qui les composent : vous en trouverez trois, de même qu'à la patte du reptile ou du mammifère vous avez trouvé une cuisse, une jambe et un pied, ou, plus exactement, puisqu'il s'agit d'une patte de devant, un bras, un avant-bras et une main ; avec un peu d'attention, vous pourriez même

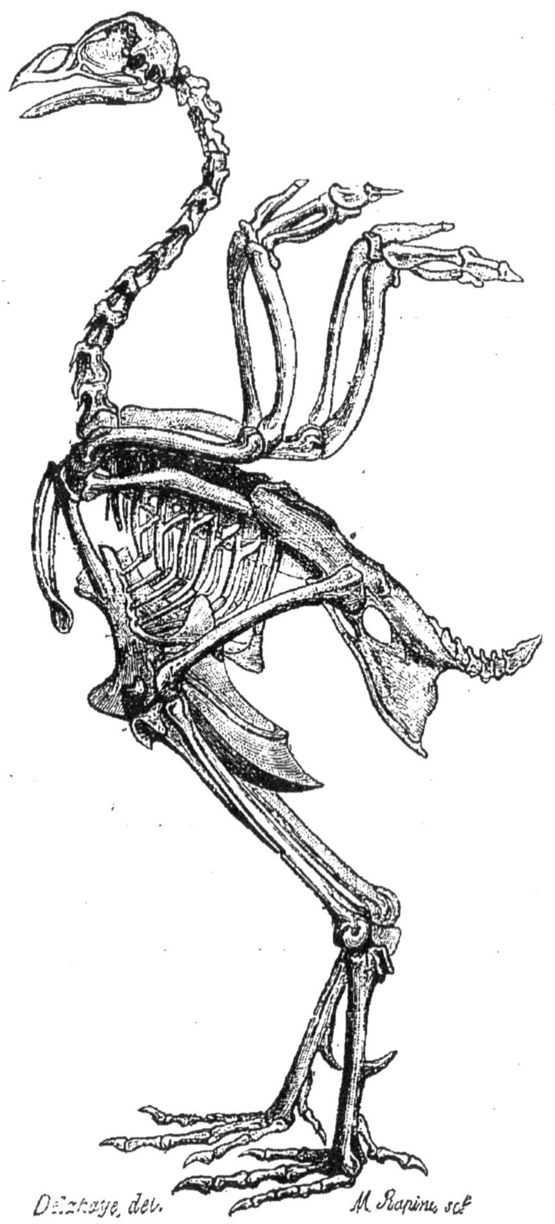

FIG. 22. — Squelette de coq les ailes ouvertes.

découvrir à l'extrémité de l'aile trois petits doigts cachés sous la peau, mais dont les os sont bien reconnaissables. Les ailes sont donc de véritables pattes, à doigts très raccourcis et d'ailleurs couvertes de plumes, comme le reste du corps de l'oiseau. Un certain nombre de ces plumes, beaucoup plus grandes que les autres et qu'on appelle des *pennes*, vont s'attacher solidement aux os mêmes de la patte (fig. 22) : les unes, sur les os du pouce, où elles forment le *fouet de l'aile*; d'autres, sur le doigt du milieu; d'autres enfin, sur l'avant-bras. Grâce à ces plumes, les membres antérieurs de l'oiseau forment de larges rames qui lui permettent de se mouvoir dans l'air, de *voler*. L'existence d'une aile indique un animal aérien.

FIG. 23. — Grenouille.

Les grenouilles et les batraciens. — Voici maintenant un autre animal que vous connaissez bien, la grenouille (fig. 23). Celle-là n'a ni plumes, ni poils, ni écailles; sa peau est nue. Conservons dans des cages toutes pareilles les quatre animaux qui forment, pour le moment, notre petite ménagerie. Le mammifère, l'oiseau, le reptile sont encore en très bon état à la fin de la journée ; mais voilà la grenouille qui maigrit horriblement ; un jour encore, vous la trouverez morte, la peau collée aux os, comme si elle avait été desséchée. C'est effectivement ce qui a eu lieu : la peau, insuffisamment protégée, a permis à l'eau qui imbibait tout le corps de l'animal de s'évaporer et la mort est bien vite arrivée. La grenouille ne peut donc vivre loin de l'eau ; elle a sans cesse besoin de s'y plonger ; elle n'y peut d'ailleurs rester indéfiniment, car elle a tout aussi grand besoin de respirer l'air en nature ; elle est donc obligée de passer une partie de sa vie dans l'air, une autre dans l'eau ou tout au moins dans l'air très humide ; le crapaud, la rainette, la salamandre sont dans les mêmes conditions ; aussi dit-on quelquefois que ces animaux sont *amphibies :* cela ne veut pas dire qu'ils puissent mener indifféremment deux genres de vie, s'accommoder de vivre toujours dans l'eau ou toujours dans l'air ; il leur faut absolument l'un et l'autre. En raison de leur ressemblance avec les grenouilles, tous ces êtres à demi aquatiques, à demi aériens, sont désignés sous le nom de *Batraciens* [1].

Animaux aquatiques : les poissons. — Ce qui arrive pour le corps tout entier des grenouilles arrive pour certains organes extrêmement importants des poissons, lorsqu'on tire ces animaux hors de l'eau pour les laisser à l'air. Suivez les mouvements d'un poisson rouge dans son aquarium : vous le voyez soulever et abaisser alternativement, à intervalles réguliers, les deux plaques en demi-cercle situées derrière sa tête et que vous avez peut-être prises pour ses oreilles. Ces plaques protègent toute une série d'organes (fig. 24), ayant l'aspect de petits peignes recourbés, à dents très serrées et revêtues d'une peau fine dans laquelle circulent d'innombrables vaisseaux ; de là leur couleur rouge vif.

1. Le mot *batrachos,* en grec, signifie grenouille.

Vous avez entendu appeler ces rangées de petits peignes les *ouïes* du poisson ; on les enlève ordinairement à une carpe avant de la servir. Ce sont les organes de la respiration ; les naturalistes leur donnent le nom de *branchies*.

Lorsque le poisson est à l'air, toutes les parties molles de ces branchies se dessèchent, la respiration devient impossible, l'animal meurt. Le poisson est donc définitivement condamné à ne jamais quitter la rivière ou l'étang qui l'a vu naître. C'est ce que nous apprendrait

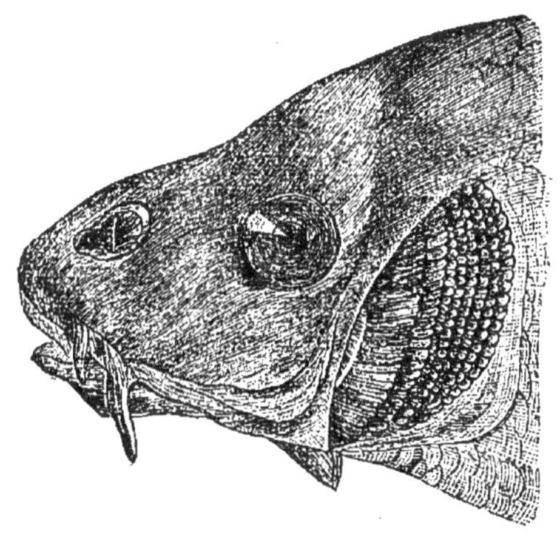

Fig. 24. — Tête de carpe ; on a enlevé la plaque qui recouvre les ouïes pour montrer ces dernières.

la seule inspection de ses membres qui ne sauraient lui permettre de marcher et qui sont, au contraire, d'excellentes rames, les *nageoires*, à l'aide desquelles il se meut agilement dans l'eau. Ces nageoires où l'on aurait bien de la peine à retrouver les trois parties que nous ont montrées les membres des animaux terrestres, ont la forme de palettes élargies ; elles distinguent à elles seules, dans la plupart des cas, les poissons des reptiles, qui paraissent avoir comme eux le corps couvert d'écailles. Mais la différence la plus importante entre les poissons et les animaux vivant à l'air libre, y compris les batraciens, consiste dans ces organes, aux innombrables dents saillantes, dans ces branchies qui remplacent les poches compliquées, les *poumons*, dans lesquelles les animaux aériens introduisent l'air qu'ils respirent.

Le corps des poissons, généralement allongé en fuseau, aplati sur les côtés, aminci aux deux bouts, est admirablement disposé pour fendre l'eau et pour s'y mouvoir avec aisance ; au contraire, vous ne réussiriez pas à faire tenir la plupart de ces animaux sur leur ventre en les posant à

Fig. 25. — Chauve-souris.

terre ; en raison même de leur forme ils tombent sur le côté : ils ont besoin d'être soutenus par un fluide qui les enveloppe de toutes parts.

Ainsi les mammifères et les reptiles marchent à la surface du sol ; les oiseaux peuvent marcher sur le sol, percher sur les arbres ou voler dans l'air ; les grenouilles vivent alternativement dans l'air ou dans l'eau ; les poissons passent dans l'eau leur existence tout entière.

Mais il y a à cela d'intéressantes exceptions.

Mammifères, poissons et reptiles volants. — Les chauve-souris (fig. 25) volent presque aussi bien que les oiseaux ; cependant elles n'ont pas de plumes, leur corps

est couvert de poils, et elles nourrissent leurs petits avec
du lait ; ce sont donc des mammifères. Leur aile est d'ailleurs faite tout autrement que celle des oiseaux ; vous y
reconnaîtrez tout de suite une patte ; mais si vous avez
eu tout à l'heure quelque peine à découvrir les doigts
qui terminent l'aile de l'oiseau, il n'en sera plus de même
ici. En effet, les doigts de la patte de devant de la chauve-
souris ont une longueur énorme ; une membrane est
étendue entre eux, ils la soutiennent comme les baleines

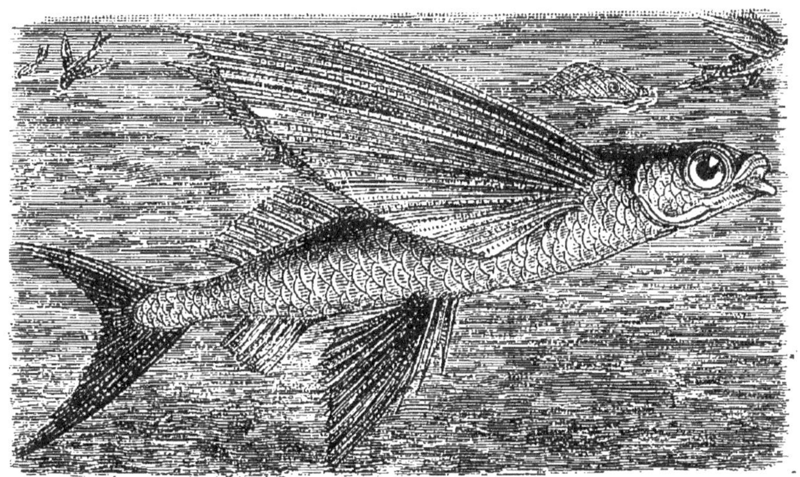

FIG. 26. — Exocet.

d'un parapluie en soutiennent l'étoffe ; l'aile s'ouvre ou
se ferme suivant qu'ils s'écartent ou se rapprochent.

Par un procédé tout à fait semblable, les nageoires antérieures de certains poissons sont aussi devenues des
espèces d'ailes qui leur permettent, lorsqu'ils se sont
élancés dans l'air, de s'y soutenir quelques minutes. Ces
poissons ont alors l'air de voler.

Plusieurs d'entre eux habitent les mers d'Europe : tels
sont l'*exocet* (fig. 26), qui a un peu la physionomie d'un
brochet, et le *dactyloptère* (fig. 27), voisin des rougets et
des grondins qu'on sert sur nos tables. Un poisson vo-

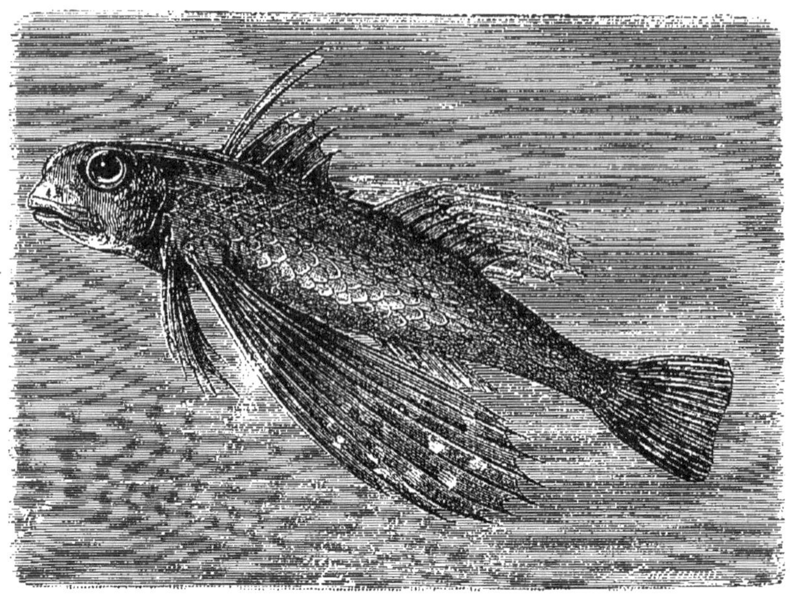

FIG. 27. — Dactyloptère.

FIG. 28. — Scorpène volante.

lant de la même famille, la scorpène volante (fig. 28),
habite les rivières du Japon.

Sans posséder la faculté de voler, un certain nombre
de poissons peuvent entreprendre de petits voyages par
terre : on a fait, peut-être à tort, cette réputation aux
anguilles, dont les ouïes n'ont qu'une très petite ouverture extérieure; mais de curieux poissons de l'Inde, les
anabas, dont les branchies sont maintenues humides par

FIG. 29. — Dragon volant.

des dispositions spéciales, sortent réellement de l'eau et
grimpent même sur les arbres.

Quelques reptiles, disparus de la surface de la terre
bien avant l'apparition de l'homme, possédaient des ailes
assez semblables à celles de la chauve-souris, mais plus
faibles, puisque chacune d'elles n'était soutenue que par
un seul doigt. C'étaient les *ptérodactyles* qui ne dépas-
saient pas d'ordinaire la grosseur d'un corbeau. Il n'y a
plus aujourd'hui qu'un seul reptile volant, le *dragon*

(fig. 29). Ce nom formidable a été appliqué par les naturalistes au plus inoffensif des animaux. C'est un lézard, moins grand que les lézards verts de nos pays, et que ses ailes rendent étrange sans le rendre terrible. Ces ailes ne sont plus des pattes transformées ; la peau des flancs de l'animal s'est étalée en parachute et les côtes elles-mêmes pénètrent dans cette large expansion pour la soutenir. Ces singuliers reptiles habitent l'île de Java.

Un certain nombre de mammifères possèdent des parachutes constitués comme ceux du dragon au moyen de la

FIG. 30. — Galéopithèque.

peau des flancs, mais plus simples encore, parce que les côtes ne se prolongent pas à leur intérieur. La peau forme simplement un repli qui unit les pattes de devant aux pattes de derrière et embrasse quelquefois la queue. Quand l'animal saute d'une branche à l'autre, il étend ses pattes et donne ainsi à la membrane qui les unit la plus grande surface possible ; il est alors, en quelque sorte, porté par l'air et, sans voler précisément, peut atteindre d'un seul bond à une distance plus grande que les animaux ordinaires de même force : c'est ce qu'on voit chez les *galéopithèques* (fig. 30) des îles de la Sonde et des îles Philippines, les *volatouches* ou écureuils vc—

Fig. 31. — Polatouche.

lants (fig. 31) de la Sibérie, de l'Amérique septentrionale et de l'Inde et les *pétauristes* d'Australie (fig. 32).

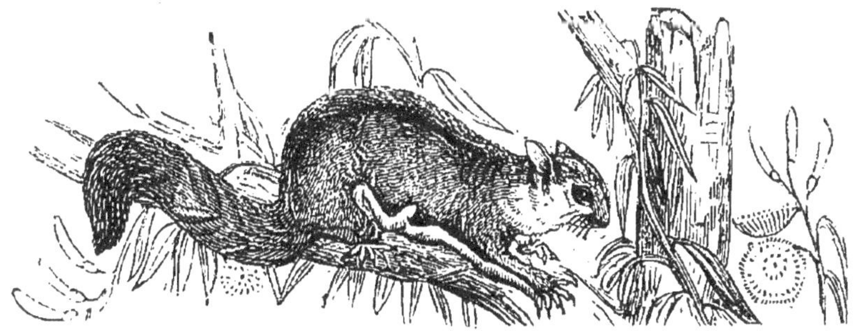

Fig. 32. — Pétauriste.

Mammifères, oiseaux et reptiles aquatiques. — S'il existe des mammifères qui volent dans l'air comme les

oiseaux, d'autres manifestent pour l'eau une préférence marquée. Les loutres, qui détruisent tant de poisson

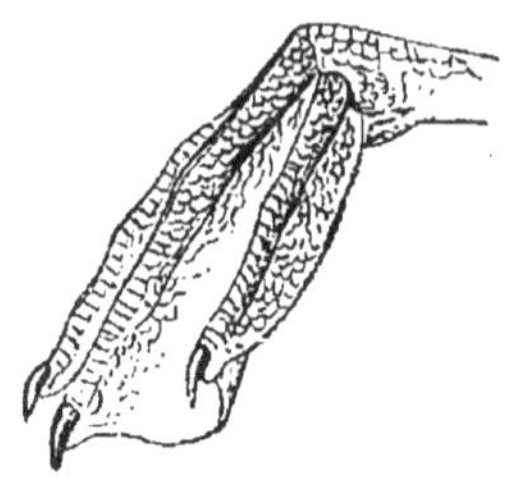

FIG. 33. — Pied palmé de canard.

dans nos rivières et nos étangs, sont déjà dans ce cas et leurs habitudes aquatiques sont encore trahies par la forme de leurs membres. Revenons à la grenouille

FIG. 34. — Goéland à manteau gris.

(fig. 23) : à l'aide de ses pattes, elle nage presque aussi habilement qu'un poisson ; pourquoi tous les animaux à

quatre pattes comme elle ne peuvent-ils en faire autant?
Regardez ses doigts; l'explication est toute simple : une
membrane tendue entre eux fait des pieds et des mains
de la grenouille autant de véritables nageoires. Lorsque
les pieds ont les doigts ainsi réunis, on dit qu'ils sont
palmés. Eh bien, la loutre, mammifère aquatique, a les
pieds palmés exactement comme la grenouille.

Comme la loutre, beaucoup d'oiseaux aiment à se jouer
dans l'eau. Comme elle, ils ont aussi les pieds palmés
(fig. 33) : témoins le canard, l'oie, le cygne (fig. 104),

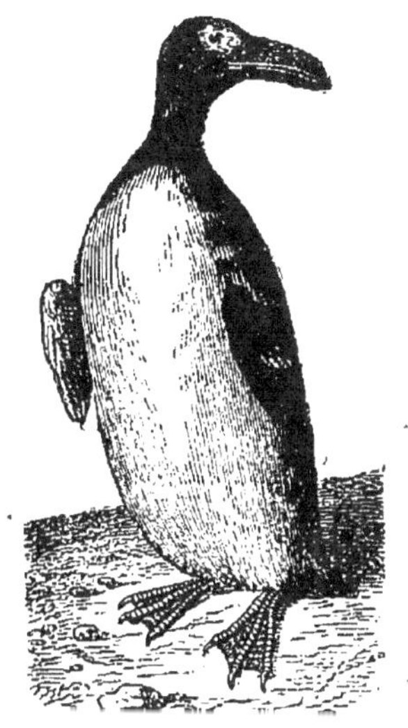

Fig. 35. — Grand pingouin.

le goéland (fig. 34), le pélican et nombre d'oiseaux de
rivages. On observe la même chose chez les crocodiles, dont
l'existence se passe aussi en grande partie dans l'eau.
Voilà donc un caractère auquel vous pourrez reconnaître
tous les animaux à quatre ou à deux pieds dont l'eau est
le séjour préféré.

Chez quelques oiseaux ce ne sont pas seulement les
pattes qui servent ainsi de nageoires. Tous les voyageurs
qui ont visité certaines îles de l'océan Pacifique con-
naissent les manchots, ces oiseaux aux courtes ailes

qui se tiennent le corps vertical, debout sur leurs pattes et ressemblent ainsi de loin à autant de petits personnages. Les manchots ne peuvent voler, leurs ailes sont trop courtes pour cela; mais en mer ils nagent avec une aisance et une rapidité merveilleuses; leurs petites ailes aplaties, couvertes de plumes serrées qui ressemblent

Fig. 36. — Phoque.

à des écailles, frappent alors l'eau comme des avirons; ce ne sont plus des ailes, ce sont des nageoires. Les pingouins (fig. 35) des mers du pôle nord ont des ailes conformées de la même façon et qui servent aussi à nager.

Il n'est cependant aucun oiseau qui soit aussi bien organisé pour la vie aquatique que certains mammifères.

Chez les phoques (fig. 36), les pattes postérieures sont raccourcies et rapprochées du corps de manière à rappeler exactement des nageoires de poisson ; le corps luimême s'effile vers l'extrémité postérieure et reproduit ainsi la forme du corps des poissons : l'animal est un nageur de première force, mais à terre, où il aime cependant à venir se reposer, il ne peut plus marcher qu'avec une extrême maladresse.

La faculté de sortir de l'eau est enfin refusée aux dauphins,

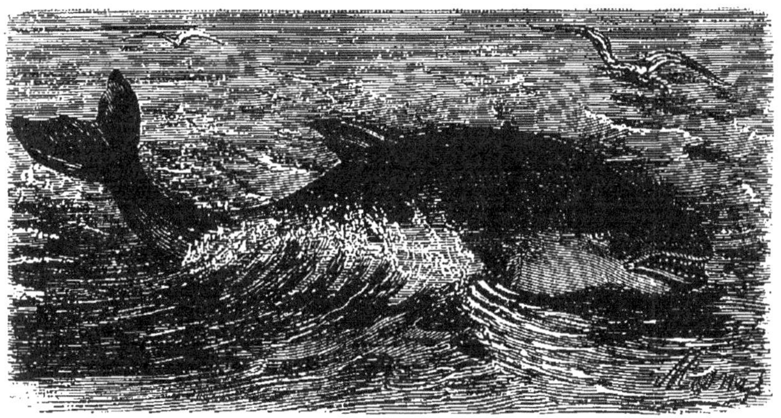

FIG. 37. — Marsouin.

aux marsouins (fig.37), aux cachalots, aux baleines(fig.10), aux lamantins (fig. 38), que les anciens naturalistes prenaient pour des poissons et qui sont cependant de véritables mammifères. Tous ces grands animaux ne peuvent, en effet, respirer dans l'eau comme les poissons ; ils ont des poumons au lieu de branchies et sont obligés de venir, environ tous les quarts d'heure, à la surface chercher l'air naturel. Les lamantins ont de véritables poils sur tout le corps, et on en trouve aussi des traces au moins aux lèvres des autres espèces ; enfin, tous ont des mamelles et nourrissent leurs petits avec leur lait. Les membres antérieurs sont remplacés par de puissantes rames qui ressemblent à des nageoires, mais ne diffèrent des pattes des autres mammifères que parce que le bras et l'avant-bras sont très raccourcis (fig. 39) et que les doigts, très allongés, offrant un très grand nombre de phalanges au lieu de trois qui est le nombre ordinaire, sont soudés entre eux et cachés sous la peau. Les membres postérieurs manquent et la queue s'élargit en une nageoire qui est horizontale au lieu d'être verticale comme celle des poissons.

Fig. 38. — Lamantin.

Ce serait donc une erreur que d'appeler *poissons* tous les animaux qui vivent dans l'eau, comme on le fait souvent dans la conversation. Non seulement vous entendrez dire que la baleine est un poisson ; mais on vous dira peut-être la même chose de l'écrevisse, des poulpes ou pieuvres, des animaux qui produisent et habitent les coquillages. Nous verrons bientôt à quel point ces petits êtres sont éloignés des vrais poissons tels que la carpe, la tanche, le poisson rouge, le goujon, le brochet, l'anguille, la sole, etc.

Nous les laissons de côté pour le moment, ainsi qu'une foule d'autres qui rampent lourdement à terre comme l'escargot et la limace, marchent plus ou moins vite comme les araignées et les mille-pattes, ou sont doués de la faculté de voler comme les hannetons, les mouches et les papillons. Vous les avez, sans doute, regardés de moins près que les animaux plus grands dont nous venons de nous occuper et nous aurions peut-être quelque peine à nous entendre si nous voulions en causer maintenant ; nous y reviendrons en détail.

Ajoutons seulement que le nombre des animaux exclusivement aquatiques est infiniment plus considérable que celui des animaux terrestres. Les animaux marins sont plus variés encore que ceux qui vivent dans les eaux douces. On en trouve à toutes les profondeurs. A plus d'une lieue sous la mer, dans une région où ne se font jamais sentir les plus violentes tempêtes de la surface, où ne pénètre jamais le moindre rayon de soleil, où le thermomètre demeure toujours au voisinage de la température de la glace, d'innombrables animaux vivent encore.

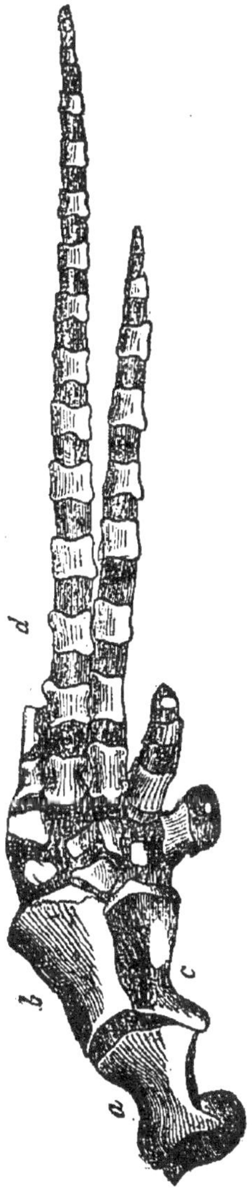

FIG. 39. — Os d'une nageoire de dauphin (*a*, bras ; *b*, *c*, avant-bras ; *d*, doigts)

L'absence de lumière, le froid dont beaucoup d'animaux ne pourraient s'accommoder sont donc les conditions préférées de certains autres.

Animaux diurnes et nocturnes. — Autour de nous, nombre d'animaux ne supportent qu'avec peine une vive lumière. Tandis qu'on appelle *diurnes* les animaux qui aiment la clarté du jour, on appelle *nocturnes* ceux pour qui elle est trop éclatante. Les chats sont du nombre de ces derniers, et, de même que tout à l'heure nous avons pu reconnaître à la conformation de leurs pattes les habitudes de certains animaux, nous allons trouver dans une particularité de l'œil des chats un signe de leurs mœurs nocturnes.

Vous connaissez tous le cercle noir qui occupe le milieu de la surface visible de l'œil ; ce cercle noir porte le nom de *pupille :* il est entouré d'un anneau diversement coloré, celui qui fait dire qu'une personne a les yeux bleus, bruns ou noirs ; cet anneau est l'*iris,* et la pupille n'est que son ouverture centrale, au travers de laquelle on aperçoit le fond obscur de l'œil. Examinez votre œil dans une glace : à l'ombre vous verrez que la pupille est très large et envahit plus de la moitié de l'iris ; placez-vous maintenant en pleine lumière et regardez de nouveau l'image de votre œil : la pupille est devenue toute petite ; elle a d'ailleurs conservé sa forme circulaire. L'iris est donc comme une sorte de volet placé au devant de l'œil et qui empêche la lumière d'y pénétrer en trop grande quantité.

Ceci étant compris, examinez avec attention l'œil d'un chat en plein jour et dans l'ombre. Au jour, l'iris se ferme presque complètement ; la pupille est représentée par une mince fente verticale ; par cette fente, il ne peut entrer dans l'œil qu'une très faible partie de la lumière qui lui arrive. Cependant l'animal est visiblement incommodé : le clignement répété de ses paupières, les mouvements qu'il fait pour détourner la tête ou pour se dégager de vos mains l'indiquent clairement. Regardez maintenant l'œil de ce même chat dans un endroit obscur ; la pupille, à peine visible tout à l'heure, est devenue un large cercle qui laisse à peine apercevoir l'iris. Toute la lumière qui vient frapper l'œil y pénètre, se concentre au fond et y peint avec vigueur les objets les plus faiblement éclairés, qui deviennent ainsi visibles. Une partie de cette lumière concentrée est même renvoyée par le fond de l'œil comme par un miroir : c'est pourquoi les yeux du chat et de quelques autres animaux brillent comme des flammes dans l'obscurité. Toutefois ces yeux ne sauraient voir, et encore moins briller dans une obscurité complète. Comme ils sont relativement très grands, que leur pupille peut s'ouvrir très largement, ils sont mieux disposés que les autres pour recueillir et apprécier les moindres rayons de lumière qui se répandent dans l'ombre ; mais, par une nuit tout à fait noire, un chat aurait autant de peine à se conduire que vous et moi.

Beaucoup d'animaux, nocturnes comme le chat, ont, comme lui, de grands yeux ronds dont la pupille peut se contracter ou se dilater énormément. Tels sont, parmi les mammifères, le renard qui a aussi une pupille allongée, mais horizontale, et, parmi les oiseaux, les engoulevents, voisins des martinets, les chouettes et les hiboux (fig. 40) dont la physionomie n'est pas sans quelque ressemblance avec celle du chat.

Les rats, les souris, les loirs, ont aussi de grands yeux ; cependant tous les animaux nocturnes n'ont pas les yeux exceptionnellement grands. Les hérissons, les petits animaux carnassiers, tels que les fouines, les belettes et les loups eux-mêmes, qui chassent ordinairement la nuit, ne présentent rien de bien particulier sous ce rapport. Il est vrai que ces animaux supportent aussi parfaitement la lumière du jour.

Ce n'est pas seulement à l'aide du sens de la vue que les animaux nocturnes peuvent se diriger dans l'obscurité. Plusieurs possèdent des oreilles d'une finesse excessive, surmontées de larges pavillons d'une exquise sensi-

FIG. 40. — Hibou petit-duc.

bilité et qui recueillent non seulement les sons, mais

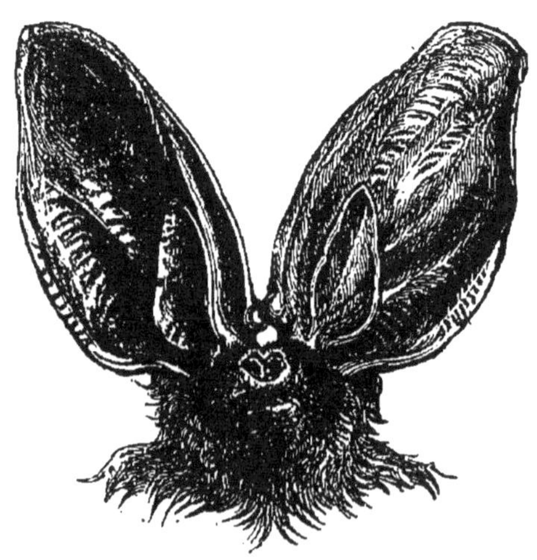

FIG 41. — Tête d'une espèce de chauve-souris (l'oreillard.)

encore les moindres vibrations de l'air. C'est le cas des lapins, des rats et surtout des chauves-souris (fig. 41), dont les ailes sont, en outre, tellement sensibles qu'elles peuvent, dit-on, reconnaître le voisinage des obstacles contre lesquels l'animal est exposé à se heurter durant son vol.

L'odorat est aussi d'un grand secours pendant la nuit aux animaux dont ce sens est très développé. De tous les animaux, les mieux doués sous ce rapport sont certains papillons nocturnes chez qui ce sens est tellement subtil qu'il leur permet de se diriger sans hésitation vers un individu de leur espèce vivant à plus d'un kilomètre de distance. On en a vu accourir en foule autour d'une boîte où un de leurs semblables, qu'ils ne pouvaient voir, était tenu captif. Les papillons nocturnes sont extrêmement nombreux ; le soir, la lumière d'une lampe semble les attirer ; on les voit venir par troupes voler autour d'elle et ne pas s'arrêter même lorsqu'ils ont commencé à se brûler les ailes. Le papillon des vers à soie, qui nous fournissent de si belles étoffes, celui de lateigne des tapisseries (fig. 141), qui est un tel fléau pour nos vêtements et nos tentures qu'on le désigne dans quelques pays sous le nom expressif de *trou-volant*, sont l'un et l'autre des papillons de nuit. Nombre d'autres insectes, les vers luisants notamment, doivent être considérés comme des animaux nocturnes.

Animaux aveugles. — Les animaux nocturnes dorment généralement pendant le jour ; quelques-uns, sans dormir le jour plutôt que la nuit, ne fréquentent jamais que les lieux obscurs ; tels sont : les mille-pattes, les scorpions, les cloportes. Il en est qui habitent des cavernes profondes ou qui se cachent sous le sol et ne viennent jamais à la surface.

Chez ces animaux condamnés à vivre dans une obscurité absolue, un œil, si développé qu'il soit, serait parfaitement inutile, puisqu'il ne doit jamais recevoir àe lumière. Les organes de la vision sont alors d'une extrême petitesse ou manquent même d'une façon absolue. L'œil des taupes, qui n'abandonnent jamais leurs terriers, est à peine visible et caché sous les poils. Chez plusieurs espèces de rats, également fouisseurs, qui habitent l'Orient, l'œil est même complètement recouvert par la peau qui ne s'ouvre pas devant lui. Il en est encore ainsi chez certains batraciens qu'on ne trouve que dans les eaux souterraines et qui ressemblent beaucoup à nos salamandres : les protées, par exemple.

Beaucoup d'insectes propres aux cavernes profondes, quelques autres qui ne sortent jamais des fourmilières, et que les fourmis élèvent comme des animaux domestiques, sont totalement aveugles. Les yeux manquent également à plusieurs habitants des grandes profondeurs de la mer, à côté desquels vivent d'autres espèces où ces organes sont, au contraire, démesurément grands.

D'ailleurs il existe des classes entières d'animaux chez qui l'existence du sens de la vue n'est qu'une exception : les vers de terre, les moules, les huîtres et les coquillages semblables sont dans ce cas. Mais ces animaux se distinguent par des mœurs toutes particulières. Tantôt ils s'enfoncent dans la terre humide ou dans la vase et y cherchent leur nourriture ; tantôt ils se fixent pour toute leur vie à quelque corps submergé auquel ils se soudent complètement.

Couleur des animaux nocturnes. — Les animaux nocturnes et ceux qui vivent habituellement dans l'obscurité ne se distinguent pas seulement par la forme et la structure de leurs yeux de ceux qui affectionnent la lumière du jour ; leurs couleurs sont très souvent en rapport avec leurs mœurs. Alors même que les animaux diurnes qui leur ressemblent le plus présentent des couleurs éclatantes, ils sont d'ordinaire revêtus de teintes sombres ou effacées : noirs, bruns, gris ou fauves. Parmi les oiseaux nocturnes de nos pays, un seul, la chouette-effraie (fig. 42), possède une livrée où le blanc prédomine.

On remarque encore que le plumage des oiseaux de nuit est infiniment moins serré que celui de tous les autres. Leur vol en est sans doute moins rapide ; mais, en revanche, les coups d'aile sont silencieux ; l'animal glisse sans bruit dans l'air obscur où le dissimulent ses tristes couleurs ; il peut ainsi s'approcher de la proie qu'il guette sans éveiller son attention, sans interrompre son sommeil. Tout est combiné pour que le silence de la nuit

Fig. 42. — Effraie.

ne soit en rien troublé par les êtres qui recherchent ses ombres pour se livrer à leur chasse.

Le contraste entre les espèces nocturnes et les espèces diurnes n'est nulle part plus marqué que chez les papillons. Autant les papillons de jour sont brillants de couleur, autant leurs ailes resplendissent de teintes vives et tranchées, autant les papillons de nuit sont ternes et sombrement nuancés.

Ceux qui volent au crépuscule, les sphinx (fig. 43),

participent encore de la splendeur des papillons diurnes ;
leurs teintes sont de même très variées ; mais ce ne sont
plus les nuances éclatantes qui ornent leurs ailes, ce sont,
au contraire, les plus délicates ou les plus foncées : le rose,
le bleu tendre, le vert pâle ou le brun, le fauve et le noir.

Tout cela a tellement pour but de dissimuler l'animal,
que certains papillons nocturnes présentent, à s'y mé-
prendre, la teinte et jusqu'à la forme des feuilles jaunies

Fig. 43. — Sphinx du tilleul.

ou des lichens parmi lesquels ils se posent. C'est ce que
rappellent leurs noms de *Lichenées*, de *Bombyx feuille-
morte*, etc. Chaque animal semble ainsi fait pour profiter le
mieux possible des conditions dans lesquelles il doit vivre ;
de sorte qu'étant donné l'animal, une étude attentive de son
organisation suffit souvent pour faire connaître ses mœurs
et ses habitudes. C'est là ce qui a permis de deviner,
avec une certitude presque complète, le genre de vie des
innombrables espèces d'animaux qui ont totalement
disparu de la terre avant l'apparition de l'homme.

QUATRIÈME LEÇON

Les animaux et les climats. — La surface de la terre, l'air, la profondeur des eaux, le jour et la nuit sont évidemment les conditions les plus différentes dans lesquelles les animaux puissent vivre.

A chacune d'elles correspondent, nous venons de le voir, quelques traits d'organisation : la palmure des pattes, la présence des ailes, la forme de l'œil, la grandeur des oreilles, etc., signalent, parmi tous les autres, les animaux qui vivent de telle ou telle manière.

La forme des griffes, celle des dents indiqueraient également si un animal fouit le sol ou grimpe sur les arbres, s'il est coureur ou marcheur, carnassier ou herbivore. La griffe aiguë et recourbée du chat, relevée et cachée parmi les poils lorsque l'animal marche ou fait *patte de velours*, ne ressemble en rien aux ongles émoussés de l'ours ou du lapin et encore moins au sabot du cheval ; ses dents tranchantes comme des lames de ciseaux, faites pour couper la chair, sont aussi différentes que possible des dents aplaties en larges meules entre lesquelles le bœuf broie les herbes dont il se nourrit.

Dans toutes les grandes régions de la terre les animaux peuvent trouver un sol ferme, de l'air ou de l'eau, de la lumière ou des ténèbres ; partout ou à peu près, ils peuvent se nourrir de chair ou de feuillage.

Cependant ceux qui habitent des régions différentes se trouvent par cela même dans des conditions nouvelles auxquelles ils ne peuvent échapper et qui dépendent de ce qu'on appelle le *climat*.

Il fait au pôle un froid rigoureux ; le sol y est presque toute l'année couvert de neige ou de glace ; la lumière y est terne ; les jours et les nuits s'allongent démesurément et arrivent, au pôle même, à durer l'un et l'autre sans discontinuer durant la moitié de l'année.

A l'équateur, au contraire, la plus luxuriante végétation ne cesse de parer la terre ; la lumière est la plus brillante que le soleil nous envoie. Les jours et les nuits, toujours égaux, sont chacun de six heures.

Entre les deux régions froides du pôle Nord et du pôle Sud, qu'on nomme *régions glaciales*, et la zone équatoriale, comprise entre les tropiques, qu'on appelle *région* ou *zone torride*, à cause de la température élevée qui y règne presque constamment, se trouvent les *régions tempérées*, où la température ne varie jamais autant que vers les pôles, n'est jamais aussi égale qu'à l'équateur, où les jours et les nuits se succèdent avec des longueurs variées, où quatre saisons se partagent l'année et jouissent chacune d'une température particulière.

Les mêmes animaux ne s'accommodent pas de conditions d'existence aussi éloignées les unes des autres. Sans doute ceux qui habitent les zones glaciales, tempérées ou torride ne diffèrent pas autant entre eux que ceux qui vivent dans l'air et dans l'eau. Mais chaque région a ses habitants spéciaux qui ne se retrouvent pas dans les autres et qui changent même ordinairement dans l'étendue de l'une d'elles.

Les animaux de la zone torride. — Les régions chaudes semblent avoir actuellement le monopole des grands animaux terrestres. C'est dans le voisinage des tropiques que vivent les éléphants, les hippopotames (fig. 44), les rhinocéros, les girafes, parmi les mammifères ; les

autruches, parmi les oiseaux ; la plupart des crocodiles
et les boas, parmi les reptiles. Certaines araignées
y deviennent assez grosses pour s'attaquer à de petits oiseaux ; des papillons dont la largeur est de 25 à 30 centimètres quand ils ont les ailes étendues, des scarabées
trois fois grands comme notre cerf-volant, d'énormes
sauterelles y font l'étonnement des naturalistes. C'est
là que les oiseaux et les insectes sont le plus nombreux ,

Fig. 44. — Hippopotame.

c'est là aussi que les animaux herbivores sont le plus
variés dans leurs formes et leurs dimensions, quoiqu'ils y
aient pour ennemis les plus redoutables des carnassiers :
le lion (fig. 52), le tigre, le léopard, la panthère, etc.

Les animaux des zones tempérées. — Quand on remonte vers les régions tempérées, les troupeaux d'antilopes, de gazelles, de cerfs, qui peuplent les forêts équatoriales deviennent de plus en plus rares. Dans nos pays,

le chamois des Alpes (fig. 185), le moufflon (fig. 106), le chevreuil, le daim (fig. 87), le cerf sont les derniers

FIG. 45. — Renard.

représentants des gracieux herbivores des pays chauds. Avec la proie qui leur convient, disparaissent les grands carnassiers que nous nommions tout à l'heure et qui rappellent par tous les traits de leur organisation des

FIG. 46. — Belette.

chats gigantesques ; ce sont des animaux voisins des chiens, le renard (fig. 45), le loup, qui sont nos plus redoutables carnivores ; les ours (fig. 174), plus grands que les loups, mais qui s'accommodent beaucoup mieux d'une nourriture végétale, sont presque partout relégués dans les hautes montagnes, telles que les Alpes et les Pyrénées. A côté de ces dangereux animaux, tout un peuple de déprédateurs dévaste les poulaillers ou chasse sur les terres les mieux gardées; les martres, les fouines (fig. 180), les putois, les belettes (fig. 46), égorgent les oiseaux, les volailles et jusqu'aux jeunes agneaux, pour se nourrir de leur sang, tandis que les loutres et les visons, qui descendent jusqu'en Sologne, poursuivent les poissons de nos rivières et de nos étangs, sans apporter à l'homme aucune compensation.

Les oiseaux et les insectes sont encore nombreux, mais ordinairement plus petits et moins beaux.

Les animaux des pays froids. — Les petits carnassiers, nuisibles chez nous, deviennent dans les régions froides une source considérable de profit. Même dans nos pays, ils se font remarquer par la finesse de leurs poils et la beauté relative de leur robe. Ces qualités s'accroissent considérablement dans les pays froids, où l'animal a besoin d'être protégé contre les rigueurs d'une température excessive. Ces pays fournissent les fourrures les plus chaudes et les plus estimées; la martre, la zibeline, qui est une espèce de martre, l'hermine (fig. 48), qui est voisine des belettes, sont les carnassiers les plus recherchés des chasseurs; mais c'est aussi dans les régions froides qu'ils trouvent l'isatis ou renard bleu, le glouton et surtout les phoques, dont les dépouilles doublent beaucoup de nos manteaux d'hiver. Ces régions froides sont aussi le pays de prédilection des oies sauvages, de diverses sortes de canards, et notamment de l'eider, dont le duvet a donné son nom à nos édredons, des mouettes, des goélands, des manchots, des pingouins, etc., dont les œufs contribuent largement à l'alimentation de l'homme.

Les animaux des régions polaires. — En remontant plus haut, vers les pôles, les animaux terrestres disparaissent peu à peu; les poissons et les mam-

mifères marins deviennent l'unique ressource des Es-
quimaux et des Samoyèdes. Le morse, avec ses deux
énormes défenses ; le narval, dont la défense unique,
droite comme une épée, solide comme une défense d'éléphant, peut transpercer d'un coup la carène d'un bateau,

FIG. 47. — Renne.

la baleine ne se laissent prendre qu'après de rudes combats. Les phoques, plus doux, moins bien armés ou
moins forts, sont le gibier ordinaire qui fournit à l'alimentation et à l'habillement des malheureux habitants
de ces pays déshérités.

Les phoques n'ont pas seulement l'homme pour ennemi.
Ils ont souvent à subir les attaques d'un animal redoutable, l'ours blanc, souvent nommé aussi ours de Sibérie.
C'est le plus grand, le plus fort et le plus carnassier de
tous les ours.

Dans les régions stériles qu'il habite, les racines des végétaux, le miel, dont l'ours brun se contente le plus souvent, sont rares ; ,pour trouver sa nourriture, l'ours blanc s'attaque aux poissons, aux phoques, et, dans les latitudes moins élevées, aux rennes; il ne craint pas de se jeter sur l'homme lui-même.

Les rennes (fig. 47), qui ressemblent beaucoup aux cerfs, sont, avec le chien, les seuls animaux domestiques que puissent entretenir les habitants des régions arctiques : du chien, leur compagnon de chasse, ils ont fait aussi une bête de somme, qu'ils attachent à leurs traîneaux ; du renne, qui leur sert au même usage, ils tirent encore la peau qui les habille, le lait et la chair qui les nourrit et jusqu'aux aiguilles qui servent à coudre leurs vêtements.

Les couleurs des animaux et le climat. — Le blanc est la couleur qui domine dans la région arctique où le sol et la mer se confondent souvent sous une couche uniforme de glace. C'est aussi la couleur que revêt le plus redoutable des carnassiers polaires, couleur qui lui fournit un moyen de dissimuler son approche à ses futures victimes ; mais cette couleur ne lui est pas particulière : elle domine chez les animaux des pays froids, comme dans la nature.

L'hermine qui, dans nos pays, est rousse l'été et d'un blanc mêlé de roux pendant l'hiver, devient, dans les régions polaires, d'une blancheur de neige durant la mauvaise saison. Il en est de même du renard blanc ; le lièvre polaire d'Amérique demeure blanc toute l'année.

Beaucoup d'oiseaux, même dans les régions montagneuses de nos pays, revêtent également pendant l'hiver un plumage où le blanc domine : tel est notamment le *lagopède* ou *perdrix de neige* (fig. 49).

Non seulement, grâce à leur couleur blanche, ces animaux trouvent plus facilement à se dissimuler ; mais encore, le blanc étant la couleur qui laisse perdre le moins de chaleur et de lumière, les animaux blancs se trouvent mieux protégés contre le froid que les animaux de couleur différente.

Sous les tropiques, au contraire, où les feuilles et les fleurs offrent à l'œil les nuances les plus éclatantes et les plus variées, les animaux participent à cette fête des couleurs que la vive lumière du soleil rend plus éblouissante encore. C'est là qu'on trouve les oiseaux, les reptiles, les insectes les plus richement ornés. Rappelez-vous la bril-

FIG. 48. — Hermine.

lante parure des oiseaux de paradis, des oiseaux-mouches ou même de certains perroquets, les teintes splendides qui s'étalent sur les ailes des grands papillons des régions équatoriales, et comparez tout cet or, ces rubis, ces émeraudes, ces chaudes couleurs aux demi-teintes de nos plus beaux oiseaux !

Il s'en faut, du reste, que les mêmes espèces soient répandues sur toute l'étendue des régions qui présentent le même climat. La plupart des espèces animales ont, au contraire, une surface d'habitation assez restreinte; l'ensemble des animaux qui habitent un pays donné constitue la *faune* de ce pays, comme l'ensemble des végétaux constitue sa *flore*. Les mers, les hautes montagnes forment des obstacles naturels à l'extension de beaucoup d'espèces; d'autres ne se trouvent que sur

Fig. 49. — Lagopède.

des îles plus ou moins vastes, dont la faune est toute particulière et qui semblent, comme Madagascar, être les restes de grandes terres aujourd'hui enfoncées sous la mer. Il est donc nécessaire, si nous voulons avoir une idée exacte des pays qu'habitent les plus intéressantes espèces d'animaux, de considérer de plus près chacune des cinq parties du monde.

Les animaux de l'Afrique. — Commençons par l'une des plus riches et des plus voisines, l'Afrique.

Dans les forêts du Congo et du Gabon, nous trouvons d'abord le *Gorille* (fig. 177), celui de tous les singes qui se rapproche le plus de l'homme et qui, s'il demeure bien au-dessous de lui par l'intelligence, le dépasse souvent par la taille et presque toujours par la force. Plus petit

Fig. 50. — Chimpanzé.

que lui, mais plus intelligent, un autre singe *anthropomorphe* (c'est-à-dire semblable à l'homme), le *chimpanzé* (fig. 50) habite la Guinée. Ces deux singes sont dépourvus de queue ; les *cynocéphales* (fig. 54) ou singes à tête de chien, les *colobes* qui manquent de pouce et les *guenons*, autres singes essentiellement africains, ont au contraire une queue plus ou moins allongée: les guenons

FIG. 51. — Cynocéphale papion.

FIG. 52. — Tête de lion.

ont souvent un pelage splendide et leur peau est recherchée comme fourrure.

Le *lion* (fig. 52) domine en seigneur depuis les côtes de la Méditerranée jusqu'au cap de Bonne-Espérance; mais il n'est pas le seul carnassier : les *panthères*

FIG. 53. — Éléphant d'Afrique.

(fig. 182), plusieurs espèces de chats à la robe tachetée sont de terribles ennemis pour les nombreuses gazelles, les antilopes aux formes élégantes et variées qui animent les paysages de l'Afrique tropicale. Deux espèces d'*hyènes*, le *chacal*, intermédiaire entre le loup et le renard, la *civette*, (fig. 101), beaucoup plus petite et qui fournit une matière odorante bien connue, sont moins redoutables : la civette n'attaque que de très petits animaux, on l'élève même en captivité ; les hyènes et les chacals se contentent souvent de viandes mortes.

L'éléphant (fig. 53), trois espèces de rhinocéros qui portent toutes deux cornes sur le nez (fig. 54), l'hippopotame (fig. 44) sont, malgré leur régime herbivore, de

Fig. 54. — Rhinocéros d'Afrique.

puissants adversaires pour les plus grands carnassiers : les mœurs aquatiques des hippopotames les mettent, d'ailleurs, à l'abri de leurs attaques. Quel contraste entre ces animaux lourds et massifs et la svelte girafe (fig. 55), qui broute, dans les mêmes régions, les plus hautes branches des arbres et dépasse l'éléphant de toute la hauteur de son long cou ! Après ces géants, les *dromadaires* (fig. 113), qui rendent de si grands services comme bêtes de somme, les *zèbres*, les *couaggas*, les *daws* (fig 63), ces ânes à robe rayée qu'on n'a pu réduire à l'état domestique, les buffles du nord de l'Afrique, les *gnous*,

Fig. 55. — Girafe.

qui ont un corps de cheval, une tête et des pieds de bœuf, les *bubales*, que l'on chasse au cap de Bonne-Espérance, le *zébus* (fig. 56), petits bœufs ayant une bosse entre les épaules et dont plusieurs variétés sont domestiques, méritent une mention.

L'Afrique est aussi le pays des *phacochères* (fig. 57), sortes de sangliers à défenses énormes et qui ont la singulière habitude de chercher leur nourriture à genoux;

Fig. 56. — Zébu.

des *porcs-épics* (fig. 58), des *gerboises* (fig. 59), qui se tiennent, comme des oiseaux, debout sur leurs pieds postérieurs, démesurément allongés; des *cochons de terre* ou *oryctéropes*, animaux aux formes étranges, aux dents de devant absentes, qui sont gros comme des blaireaux et habitent des terriers; des *pangolins* (fig. 60), édentés comme les oryctéropes, mais dont le corps est recouvert d'écailles comme celui des lézards. Les ours et les loups manquent totalement à la liste des mammifères de l'Afrique, les cerfs ne se trouvent que dans le Nord.

De même que cette intéressante contrée possède les

FIG. 57. — Phacochère.

FIG. 58. — Porc-épic.

Fig. 59. — Gerboise.

Fig. 60. — Pangolin.

plus grands mammifères, elle possède aussi le plus grand des oiseaux, l'*autruche* (fig. 88), et l'un des plus grands reptiles, le *crocodile* du Nil, qui dévore fréquemment des enfants, des femmes, et ne craint pas d'attaquer

FIG. 61. — Marabout.

l'homme quand il peut le surprendre ; le python d'Afrique, serpent redoutable par sa force, dépasse en longueur les boas du Brésil.

Des vautours, des cigognes à sac ou *marabouts* (fig. 61),

dont les plumes servent à faire de si belles coiffures, des *ibis* au bec long et recourbé, des *serpentaires* (fig. 103) aux jambes de grue au bec de faucon, et dont la nourriture se compose presque exclusivement de serpents, des *pintades* (fig. 109), un assez grand nombre de perroquets, entre autres le perroquet gris ou *jaco*, si habile à parler, viennent compléter la faune des oiseaux.

Quelques serpents produisent un venin dangereux : tels sont la *vipère cornue* ou *céraste* qui vit enfouie dans le sable, laissant seulement apparaître sa tête ornée de deux petites cornes, ou encore le *naja haje*, l'aspic de Cléopâtre, dont le cou peut se gonfler démesurément, qui sait se dresser debout sur sa queue et apprend à exécuter des espèces de danses au commandement de certains jongleurs. Bien entendu, ces singuliers magiciens prennent la précaution d'épuiser chaque matin le venin de leurs élèves, en les forçant à mordre dans des pièces d'étoffe.

De grands scorpions, appartenant à plusieurs espèces, des *scolopendres* ou *mille-pattes* de plus d'un décimètre de long, comptent parmi les animaux de l'Afrique dont le venin doit être redouté même par l'homme.

Les animaux de l'Asie. — Dans le sud de l'Asie, nous allons retrouver bon nombre de nos connaissances africaines : les chacals, les hyènes rayées, les panthères, les léopards sont nombreux ; une espèce de petite panthère, le *guépard*, dont les ongles ne se relèvent qu'à demi durant la marche, est dressée en Perse pour la chasse ; il a son analogue dans le Sénégal ; le lion habite surtout l'ouest de l'Asie, mais il est moins fort et moins vigoureux qu'en Afrique, et ne s'avance pas très loin vers le Sud ; les habitants de l'Inde n'y perdent rien : ils ont à compter avec le tigre, plus cruel et plus dangereux, reconnaissable aux bandes noires, verticales qui, partant de son dos, descendent sur ses flancs.

L'éléphant, le rhinocéros, le dromadaire d'Afrique ont,

en Asie, non pas des frères, mais des cousins germains:
en d'autres termes, les *espèces* d'Asie, quoique ressemblant beaucoup à celles d'Afrique, en sont distinctes.
Vous reconnaîtrez toujours l'éléphant d'Asie, à ce que

FIG. 62. — Éléphant d'Asie.

son front, au lieu d'être régulièrement convexe, comme
celui de son congénère d'Afrique, est partagé en deux
bosses distinctes (fig. 62); ses oreilles sont beaucoup plus
petites, et sa taille demeure un peu inférieure; les rhi-

nocéros de l'Inde n'ont plus qu'une corne sur le nez, et le dromadaire, qui n'a qu'une bosse sur le dos, est remplacé par le *chameau*, qui en a deux.

Il y a également dans l'Inde des animaux qui diffèrent peu du singulier pangolin, mais qui ne lui ressemblent cependant pas tout à fait, et l'on trouve des espèces de porcs-épics dans l'Indo-Chine ; les ânes à robe zébrée

Fig. 63. — Daw ou zèbre de Burchell.

(fig. 63) sont remplacés par l'*onagre* et l'*hémione*, beaucoup plus voisins de l'âne domestique.

Les espèces de singes sont nombreuses et différentes de celles d'Afrique ; au lieu du gorille et du chimpanzé, nous trouvons les *gibbons*, beaucoup plus petits, qui habitent essentiellement sur les arbres et dont les bras sont tellement longs qu'ils touchent à terre quand l'animal est debout.

Les hippopotames, les girafes, les oryctéropes manquent complètement. Mais voici de nouveaux venus qui
ne sont pas dépourvus d'intérêt : le *tapir* (fig. 64), de
l'Inde, a l'air d'un petit cheval dont le nez serait pro-
longé en une courte trompe, et dont les pieds seraient
terminés par plusieurs doigts ; plus au nord, le *musc*,
qui fournit le parfum de ce nom, est une sorte de petit
cerf sans cornes qui a des défenses comme un cochon.

Fig. 64. — Tapir.

Aux antilopes, dont une espèce a quatre cornes, aux
bœufs dont une petite espèce, l'*yack*, fournit aux pachas
turcs les queues, insignes de leur dignité, aux zébus, aux
moutons viennent s'ajouter de véritables cerfs. Les loups
et les ours font leur apparition.

Les oiseaux sont particulièrement remarquables dans
l'Inde par leur nombre et leur beauté. L'autruche est
absente ; mais nous sommes dans la terre promise des
paons, des *argus*, des *faisans*, des *coqs sauvages*, des
calaos au bec monstrueux surmonté d'une corne. Natu-

rellement, les oiseaux de proie et les échassiers ne font pas défaut.

Dans le Gange, vit le plus grand des reptiles, le *gavial*, immense crocodile au museau allongé, terminé par un tubercule qui ressemble à une pomme de terre.

Fig. 65. — Cobra capello (serpent à lunettes).

C'est, malgré son énorme taille, l'un des crocodiles les moins redoutables. Parmi les serpents, plusieurs espèces et surtout une sorte naja, le *cobra capello* ou *serpent à lunettes* (fig. 65) font, au contraire, de nombreuses victimes. D'après les documents recueillis par le gouvernement, dans l'Inde anglaise seule, 20 000 personnes par an meurent de la morsure des serpents : c'est un habitant sur 10 000.

Les animaux d'Amérique. — L'Amérique diffère bien davantage de l'Asie que celle-ci ne diffère de l'Afrique. Les animaux de l'Amérique du Nord présentent encore de nombreuses ressemblances avec les animaux de l'ancien continent et surtout avec ceux de l'Europe ; mais dans l'Amérique du Sud, tout change. Les singes sont nom-

Fig. 66. — Sapajou.

breux ; cependant leurs narines très écartées, leur queue souvent capable de s'enrouler autour des branches, comme celle du *sapajou* (fig. 66) les distinguent tout de suite des singes asiatiques et africains. Plus de lion, ni de tigre : à leur place, le superbe *jaguar* (fig. 117), qui semble une gigantesque panthère, et le *cougouar* ou *puma* (fig. 67), bien plus petit, et à la robe fauve comme celle du lion. Les grands herbivores manquent également : rien qui ressemble à nos bœufs ; un petit tapir, les *vigognes*, les *alpacas*, les *lamas* (fig. 68), ces derniers do-

FIG. 67. — Cougouar ou puma.

FIG. 68. — Lama.

mestiques, tous trois semblables à des chameaux nains et sans bosse, voilà les plus grands mangeurs d'herbes.

Fig. 69. — Tatou.

Bien plus singuliers déjà sont les *tatous* (fig. 69), couverts d'écailles comme les pangolins, et les *fourmi-*

Fig. 70. — Fourmilier tamanoir.

liers (fig. 75), vêtus d'une fourrure épaisse, privés de dents, mais pourvus d'une longue langue effilée avec laquelle ils engluent les fourmis, dont ils se nourrissent et qu'ils savent fort bien déterrer avec leurs ongles. Ces derniers sont si longs qu'ils empêchent les fourmiliers de marcher autrement que sur le côté extérieur de leur main, à la façon des boîteux qu'on désigne sous le nom *pieds-bots*.

Fig. 71. — Sarigue

Mais de tous les animaux américains les plus étonnants sont les paresseux : l'*unau* et l'*aï*, auprès de qui la tortue serait un coureur rapide ; ils passent leur vie sur les arbres, dont ils mangent les feuilles, et dorment le jour, accrochés, le dos en bas, au moyen des ongles énormes dont leurs membres sont armés.

Voici encore un mammifère que nous n'avons pas rencontré jusqu'ici et que vous connaissez bien cependant : la *sarigue* (fig. 71), qui porte sous le ventre une poche où elle enferme ses petits. La sarigue est une exception en Amérique, où elle est cependant répandue sur les deux moitiés du continent. Vous verrez bientôt sa remarquable façon d'abriter sa progéniture devenir générale dans un autre pays.

Les carnassiers de l'Amérique du Nord sont le *loup des prairies*, l'*ours féroce* ou *grizzly*, l'*ours noir*, le *lynx du Canada*, le *glouton*, semblable à un blaireau et

Fig. 72. — Pécari.

qui habite toutes les régions froides de notre hémisphère : en outre, une foule de martres, de putois sont activement chassés pour leur fourrure dans les régions froides de cette vaste contrée. Le *bison*, grand bœuf au front bombé, au menton barbu, à la vaste crinière y représente l'aurochs de Russie. L'*ovibos* ou *bœuf musqué*, petit, laineux, aux cornes se rejoignant sur le front, remonte très avant dans le Nord. Les sangliers sont remplacés par les *pécaris* (fig. 72), plus petits et vivant en troupes.

C'est surtout dans le Canada que les castors construisent sur l'eau leurs huttes merveilleuses. Des cerfs nom-

breux, en tête desquels l'*élan*, qu'on retrouve aussi au nord
de l'Asie et de l'Europe, peuplent les vastes plaines des
Ltats-Unis.

Les *nandous* (fig. 73), espèces de petites autruches,

Fig. 73. — Nandou.

les resplendissants *couroucous*, les *toucans* aux becs
énormes et aux riches couleurs, une foule de perroquets, parmi lesquels les splendides *aras* à queue étagée,

les plus beaux et les plus grands de tous ces oiseaux, la brillante armée des *oiseaux-mouches* (fig. 74) et des *colibris*, ces étincelants bijoux naturels, dont quelques-uns

FIG. 74. — Oiseau-mouche sapho, de grandeur naturelle.

n'atteignent pas la taille de beaucoup de nos papillons de nuit, sont les plus remarquables oiseaux de l'Amérique du Sud. C'est aussi le pays du roi des vautours, le *condor*, avec qui nous avons déjà fait connaissance, et de beaucoup d'autres oiseaux de proie, grands amateurs de chair morte.

L'Amérique n'est pas moins bien partagée en reptiles. Les crocodiles y sont dignement représentés par les *caïmans* (fig. 223), si communs sur certains fleuves qu'ils ont l'air de trains de bois flottant; les morsures d'une tortue de l'Amérique du Nord, la *trionyx*, qui habite les fleuves de la Caroline, peuvent faire de graves blessures

Fig. 75. — Serpent à sonnettes.

à l'homme lui-même. De grands, mais inoffensifs lézards aux formes étranges, les *iguanes*, habitent les forêts : on mange quelquefois leur chair; le python d'Afrique est presque égalé par le boa du Brésil et les plus redoutables des serpents venimeux, les *serpents à sonnettes* (fig. 75), les *trigonocéphales* et les *bothrops*, sont communs aussi bien dans l'Amérique du Sud que dans l'Amérique du Nord. C'est aussi une Américaine que cette *mygale aviculaire*, énorme araignée assez grosse pour tuer de petits oiseaux (voir le frontispice).

Les animaux d'Australie. — Nous arrivons mainte-

FIG. 76. — Thylacyne ou loup zébré.

nant à une vaste terre, étonnante entre toutes, l'Australie.
Ici, nous sommes véritablement en présence d'un monde

FIG. 77. — Dasyure ou martre à poche.

nouveau. Entre les animaux des autres parties du globe

nous avons pu trouver encore quelques points de ressemblance; en Australie, toutest à part. La plupart des mammifères indigènes ont, comme la sarigue, une bourse ventrale où ils abritent leurs petits pendant la période de
l'allaitement. On les appelle pour cela des *marsupiaux*
(du latin *marsupium*, bourse). Mais les marsupiaux sont
les uns carnassiers, les autres insectivores, les autres her-

Fig. 78. — Kanguroo géant.

bivores, de sorte qu'on trouve parmi eux des animaux
assez semblables à nos loups, tels que les *thylacynes*
(fig. 76) ou loups zébrés; d'autres, les *dasyures* (fig. 77),
qui ressemblent à nos martres; d'autres, les *phasco-
gales*, à nos belettes. Les *sarcophiles* ont l'apparence de
petits ours; les *myrmécobies* jouent le rôle de nos insectivores; les *koalas* et surtout les *wombats* ont l'air de

grosses marmottes. Les *pétauristes* (fig. 32) ont l'extérieur de petits écureuils volants. Les *kanguroos* (fig. 82),
aux pattes postérieures énormes, se tenant ordinairement
debout sur ces pattes et sur leur queue, représentent nos
herbivores ; leur taille varie de celle d'un homme à celle
d'un rat. L'*ornithorhynque* (fig. 79), avec son bec de
canard, ses pattes de loutre, sa queue de castor, et son
voisin l'*échidné* (fig. 189), couvert de piquants comme un

Fig. 79. — Ornithorhynque.

hérisson, sont des mammifères exceptionnels sous tous
les rapports.

Les oiseaux sont moins étranges, mais bien différents
cependant de ceux des autres pays. Des espèces d'autruche, les *émeus*, les *casoars*, méritent d'abord toute notre
attention. Les perroquets sont nombreux, et, parmi eux,
se recommandent plusieurs espèces de *kakatoës*, à queue
courte, à tête empanachée, ainsi que ces charmantes perruches ondulées, dites les *inséparables*, à cause de l'af-
fection que se portent le mâle et la femelle d'un même

couple. Un beau cygne, de couleur noire, des pigeons, des mégapodes, voisins des faisans, quelques oiseaux de proie, de nombreux oiseaux de mer doivent encore être portés sur notre liste.

L'Australie possède des crocodiles, des serpents venimeux dont quelques-uns, les *hydrophis*, sont marins, des iguanes spéciaux, etc. On a récemment trouvé dans ses eaux un poisson, le *ceratodus*, qui respire à la fois par des poumons et des branchies et dont les nageoires, placées comme des pattes, sont recouvertes d'écailles. (fig. 80).

Les *protoptères*, de l'Afrique australe, et les *lépidosirens*, du Brésil, présentent des caractères analogues. L'organisation de ces animaux les rapproche à la fois des poissons et des salamandres. Les *ceratodus* peuvent atteindre deux mètres de long ; dans l'eau pure, ils respirent au moyen de leurs branchies, mais quand l'eau a été altérée par la putréfaction des substances organiques qui s'y accumulent, ils viennent à la surface emplir leurs poumons d'air naturel. Ils peuvent supporter le dessèchement de leurs marais, et s'enfouissent alors dans la vase, réservant seulement un orifice pour aspirer l'air et attendant ainsi que la saison des pluies vienne les replacer dans leur élément naturel.

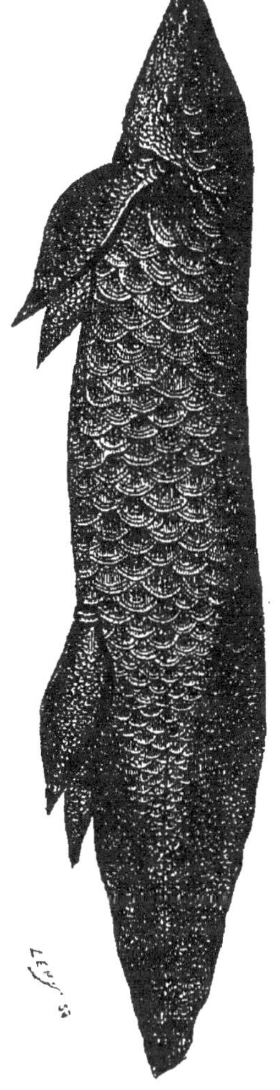

Fig. 80. — Ceratodus.

Les animaux des grandes îles. — La faune de la Tasmanie et celle de la Nouvelle-Zélande, au sud de l'Australie, présentent de nombreuses analogies avec celle que nous venons de décrire. Des oiseaux sans ailes, gros comme des poules, les *aptéryx* (fig. 81), et un perroquet nocturne, le *strigops*, qui a l'air d'un hibou et vit comme un lapin dans un terrier, se trouvent à la Nouvelle-Zélande. Au nord de l'Australie, les îles Moluques et la Nouvelle-Guinée, situées tout près de l'équateur, nourrissent aussi beaucoup d'animaux qui ressemblent à

Fig. 81. — Aptéryx.

ceux de la grande île voisine. Mais si l'on passe aux îles Philippines et aux îles de la Sonde, cependant bien peu éloignées, aussitôt la scène change, et ce sont les animaux de l'Inde qui apparaissent : les rhinocéros se montrent à Java et à Sumatra; les tapirs à Sumatra et à Bornéo. Aussi a-t-on pensé que les Philippines et les îles de la Sonde tenaient autrefois à l'Asie, tandis que les îles Moluques, la Nouvelle-Guinée, l'Australie, la Tasmanie et la Nouvelle-Zélande n'étaient qu'un seul et même continent, aujourd'hui émietté. Toutes ces îles ont d'ailleurs aussi des animaux spéciaux. C'est seulement dans les Moluques que se trouve le *babiroussa* (fig. 82), espèce de sanglier dont les défenses supérieures, longues, recourbées, ont la pointe tournée vers le haut, comme les défenses inférieures, au lieu de les avoir tournées vers le bas, comme les dents voisines, de sorte que l'animal semble pourvu de quatre cornes. Les *oiseaux de paradis*, au plumage si magnifique, n'habitent que la Nouvelle-Guinée et les Moluques. L'île de Bornéo est la seule

Fig. 82. — Babiroussa.

région où se trouve l'*orang-outang*, que sa ressemblance avec nous a fait nommer l'*homme des bois*, et qui passait, avant la découverte du gorille, pour le singe le plus voisin de l'homme. C'est aussi le pays du *nasique* (fig. 83), le seul singe qui ait un nez saillant comme le nôtre et même davantage.

Toute voisine qu'elle soit de l'Afrique, Madagascar n'en a pas moins une faune toute particulière, caractérisée par la présence de curieux animaux, les *lémuriens*, qui ont des mains de singe, mais une physionomie et une organisation

différentes et dont les mœurs sont le plus souvent nocturnes : les *makis*, les *indris* et les *aye-aye* sont les plus re-

FIG. 83. — Nasique.

marquables lémuriens de Madagascar. On rencontre d'ailleurs quelques animaux voisins, tels que les *galagos*

FIG. 84. — Galago.

(fig. 84), en Afrique et dans l'Inde. Les *galéopithèques*
(fig. 30), dont nous avons déjà parlé, sont des lémuriens

volants propres aux îles de la Sonde et aux îles Philippines.

Nous avons achevé notre tour du monde et je n'ai pu
que vous signaler les plus remarquables d'entre les plus
gros animaux terrestres; comment vous parler, en effet,
de la foule immense des poissons, des scarabées, des
sauterelles, des papillons, des mouches, des escargots,
des limaces ou des animaux voisins? Que vous dire encore
de l'inombrable population des mers, qui puisse tenir en
quelques pages? Nous avons aussi à peine jeté un coup
d'œil sur notre propre pays; mais nous le réservons pour
la fin de ces leçons, afin de l'étudier plus complètement.

Aussi bien ne faut-il pas croire que la distribution des
animaux à la surface de la terre soit absolument im-
muable.

*Changements survenus dans la distribution géo-
graphique des animaux.* — Pendant les périodes qui
ont précédé l'apparition de l'homme, les faunes terrestres
et marines ont subi de nombreuses modifications. Quelques-unes se sont produites depuis les temps historiques. Tandis que certaines espèces ont totalement disparu, tandis que d'autres, qui occupaient autrefois de
vastes territoires, se sont resserrées dans d'étroits espaces,
comme si elles disparaissaient peu à peu, d'autres, au
contraire, ont envahi des régions où elles n'existaient pas
d'abord.

Nous avons déjà parlé des grands oiseaux sans ailes de
Madagascar, de la Nouvelle-Zélande. Bien qu'il ne soit
pas douteux que ces êtres étranges, habitant des îles
limitées, aient été détruits par l'homme, bien que leur
souvenir soit demeuré vivant, quoique mêlé à des fables
dans l'esprit des indigènes, aucun d'eux n'a été aperçu
pas des voyageurs européens. Il en est autrement du
Dronte ou *Dodo* (fig. 85), espèce de pigeon aussi lourd et
grotesque que colossal, dépassant la taille d'un cygne,
pouvant peser jusqu'à cinquante livres et n'ayant que des

moignons d'ailes. Durant les seizième et dix-septième siècles, ces oiseaux étaient encore nombreux à l'île de la Réunion et à l'île Rodriguez ; on en a vu en Europe plusieurs individus empaillés. L'impuissance du dronte à se dérober, soit par la course, soit par le vol, aux attaques dont il pouvait être l'objet en faisait une victime désignée. Un oiseau de l'île Rodriguez, le *solitaire*, a disparu en même temps que lui.

On peut prévoir que tel sera avant peu le sort des au-

Fig. 85. — Dronte.

tres oiseaux sans ailes qui habitent encore la Nouvelle-Zélande et même du *strigops*.

La destruction probablement complète d'un mammifère marin, la *rhytine*, est plus récente encore que celle des grands oiseaux de l'hémisphère austral. Elle ne remonte pas au-delà du commencement de ce siècle. La première rhytine fut aperçue, en 1741, par le géologue Steller sur les côtes du Kamtschatka. La rhytine, qui atteignait 8 mètres de long, fut dès lors l'objet d'une chasse active dans la mer de Behring. Depuis 1768, aucun individu n'a été rencontré : voilà donc une espèce, récemment encore prospère, que l'homme a détruite en vingt-sept ans.

Les baleines ont été moins maltraitées ; mais leur nombre est cependant considérablement réduit. En 1697, les pêcheurs hollandais en capturèrent à eux seuls douze cent cinquante-deux individus ; en 1736, avec 191 navires, ils en prirent encore 857 ; en 1771, 200 navires ne ramenèrent que 500 baleines ; il a fallu aujourd'hui renoncer à cette pêche dans le Nord, et poursuivre les baleines jusqu'au voisinage des régions polaires de l'hémisphère austral. Au douzième siècle, une grande baleine était pêchée par les Basques dans le golfe de Gascogne ; elle est presque introuvable aujourd'hui.

Un bœuf gigantesque, l'*aurochs*, vivait, en grand nombre, au temps de César, dans les forêts de la Gaule ; il n'en reste plus aujourd'hui qu'un maigre troupeau dans les forêts impériales de la Lithuanie ; leur tête est heureusement défendue par des lois spéciales.

De même que le tigre s'avance encore aujourd'hui, en Asie, jusque dans les régions froides de la Sibérie, le lion était autrefois assez commun dans plusieurs parties de l'Europe : il y en avait encore en Thrace du temps d'Hérodote ; l'homme l'a fait reculer jusqu'en Asie et en Afrique. Les Anglais ont complètement débarrassé leur île du loup.

Mais si nous avons purgé le sol de quelques-uns de nos ennemis de grande taille, nous avons eu aussi quelques invasions.

Le *surmulot* (fig. 86), ce gros rat gris, si commun aujourd'hui partout et qu'on appelle souvent, en raison de sa résidence habituelle, le *rat d'égout*, n'existait pas en Europe avant le dix-huitième siècle ; le *rat noir*, devenu rare, au moins dans les grandes villes, était au contraire très abondant ; il avait été lui-même apporté d'Orient durant les croisades et s'était établi à côté de la *souris*, seul hôte indiscret des maisons des Romains.

En revanche, des animaux voisins, le castor, la marmotte, qui étaient autrefois répandus sur notre sol, se sont confinés les uns au voisinage du Rhône, les autres sur les plus hautes montagnes.

Il se produit donc des changements incessants dans la répartition géographique des animaux ; mais, sauf de rares exceptions, la plupart des grandes espèces que l'homme n'a pas su réduire en domesticité sont détruites par lui ou

Fig. 86. — Surmulot.

s'éloignent peu à peu des régions où il domine en souverain. Les régions tempérées sont surtout le théâtre d'un tel dépeuplement ; les régions polaires, dont l'homme supporte mal les rigueurs ; les régions équatoriales, où la nature, exceptionnellement puissante, défie encore ses efforts, sont le refuge de tous ces êtres qui fuient devant lui et qui, dans notre hémisphère, s'éloignent soit vers le Nord, soit vers le Sud, suivant qu'ils supportent plus ou moins bien le froid ou le chaud.

CINQUIÈME LEÇON

LA CHASSE

Nous venons d'indiquer la part considérable que prend l'homme aux changements qui se produisent dans la distribution sur la terre des êtres vivants. Jetons un coup d'œil sur les résultats du combat qu'il livre aux animaux sur tous les points du globe. Hâtons-nous de le dire, c'est poussé par des nécessités puissantes, celles de se défendre, de se nourrir et de se vêtir, que l'homme poursuit sans relâche les êtres vivants. Mais il le fait avec une habileté, un acharnement que n'y met aucun animal et qui font de lui le destructeur par excellence. Il n'y a pas de retraite où il ne sache atteindre les mammifères et les reptiles ; la faculté de voler ne garantit pas les oiseaux, et les poissons sont menacés jusqu'au plus profond des mers.

On donne le nom de *chasse* aux procédés par lesquels l'homme arrive à se rendre maître des animaux terrestres, et celui de *pêche* aux procédés qui lui permettent de s'emparer des animaux aquatiques.

Les auxiliaires du chasseur. — La chasse et la pêche ont été pratiquées de toute antiquité ; elles sont à peu près l'occupation exclusive des peuplades non civilisées, qui n'y emploient, en général, que des procédés assez grossiers. De la ruse, des flèches et quelques hameçons sont les seules armes de certains sauvages. Mais l'homme a su de bonne heure trouver parmi les animaux eux-mêmes de précieux auxiliaires. Le chien est devenu partout, depuis un temps immémorial, le compagnon le plus assidu du chasseur. En Perse, on a dressé à la chasse une sorte de chat de grande taille, le guépard; au moyen âge, le faucon a longtemps *volé* pour le compte des gentilshommes ; le furet est encore fréquemment employé à prendre le lapin. Les autres animaux dont l'homme s'est accidentellement servi pour la chasse n'ont été qu'une exception. Cependant l'éléphant joue

FIG. 87. — Daim.

un rôle important dans la chasse au tigre et le cheval permettait seul à l'homme, avant l'invention des armes à feu, de poursuivre et d'atteindre les animaux coureurs.

La chasse à courre est encore pratiquée en France contre le cerf, le daim (fig. 87) et le chevreuil. Ce plaisir princier était autrefois réservé aux seigneurs. Il exige des *piqueurs* connaissant admirablement les habitudes du gibier, une *meute* nombreuse, composée de chiens bien

dressés, des chevaux vigoureux et la libre disposition
d'un vaste territoire, toutes choses dont peu de personnes peuvent se donner le luxe.

Cette chasse consiste, en somme, à poursuivre à cheval
un cerf jusqu'à ce que l'animal, épuisé de fatigue, vienne
se réfugier dans quelque pièce d'eau pour essayer d'é-
chapper à la meute et rafraîchir ses membres brûlés
par l'ardeur de la fuite. C'est le moment de l'*hallali*.
Quelquefois le cerf *aux abois*, comme disent les veneurs,
se défend encore vigoureusement. Souvent il éventre
plus d'un chien d'un coup de ses cornes. Mais le plus
vieux des chasseurs ou celui auquel on veut faire honneur
s'approche, lui plonge son couteau de chasse au défaut de
l'épaule et met ainsi fin au combat. Cela s'appelle *daguer*
le cerf.

La chasse à courre se fait au son du cor; ses péripéties
sont annoncées par des fanfares diverses qui permettent
aux chasseurs dispersés et aux spectateurs de suivre pas à
pas le drame qui doit se terminer par la mort du cerf.
Les piqueurs ont à leur service un vocabulaire spécial
pour exprimer les mille détails dont se compose leur
métier. Une étiquette rigoureuse règne encore aujour-
d'hui dans ces chasses et leur donne un air de solennité.

En Amérique, une sorte de chasse à courre est pratiquée beaucoup plus simplement par les *gauchos* ou
paysans brésiliens. Ils poursuivent à cheval le gibier
qu'ils veulent atteindre et lui lancent habilement une
corde aux extrémités de laquelle sont attachés deux corps
pesants. Cet instrument primitif est le *lazzo*; il s'enroule
autour des membres de la victime, l'arrête brusquement,
quelquefois lui brise les jambes et la met à la merci du
chasseur.

La *chasse au faucon* se faisait aussi à cheval. L'oiseau,
qu'un long dressage avait assoupli, était porté sur le
poing et coiffé d'un chaperon qui lui couvrait les
yeux.

Une pièce de gibier digne du chasseur se montrait-elle, le chaperon était enlevé, le faucon prenait son vol et ramenait à son maître la proie qu'il avait saisie.

La chasse au faucon, que l'on a essayé de remettre en honneur en Hollande, en Angleterre et dans la féodale Allemagne est encore pratiquée par les cheiks arabes du sud de l'Algérie ; en Asie, on emploie aussi des faucons à chasser les gazelles, qu'ils aveuglent à coups d'ailes et à coups de bec et dont on peut alors facilement avoir raison.

On ne peut dire que le *furet*, dont on se sert pour chasser le lapin, soit un animal réellement domestique ou même ayant subi une véritable éducation. On le lâche dans les terriers qu'habitent les lapins ; ceux-ci, effrayés à la vue d'un tel ennemi, se sauvent, et on les fusille à bout portant, ou bien on les reçoit vivants dans une bourse placée à l'entrée de leur demeure. Mais il faut avoir soin de museler le furet ; sans cela, il saigne le lapin pour son propre compte, se repaît de son sang et s'endort au fond du terrier pour faire sa digestion.

Les chiens de chasse. — Bien que les paysans de nos campagnes et les braconniers employent des collets, des filets et toutes sortes de pièges, d'ailleurs prohibés, pour prendre le gibier, le chien et le fusil sont en France les auxiliaires ordinaires des chasseurs. Les chiens de chasse sont de deux sortes : les *chiens courants* et les *chiens d'arrêt*.

Les chiens courants, après avoir découvert le gibier, le poursuivent sans relâche en aboyant, le ramènent vers le chasseur et le forcent à passer à portée de son fusil ; ils chassent exclusivement le gibier à poil, c'est-à-dire le lièvre, le renard, le loup, le sanglier, le cerf, etc.

Les chiens d'arrêt chassent silencieusement, suivent le gibier à l'odeur, font tous leurs efforts pour se dissimuler le mieux possible et pour surprendre leur proie. Quand, après l'avoir suivie dans toutes ses *pistes*, ils arrivent à elle, ils s'arrêtent, l'œil fixe, la queue tendue, une patte levée, fascinent du regard le malheureux animal que leur attitude désigne ainsi à leur maître.

Après un moment d'hésitation, le lièvre ou la perdrix se décide à fuir, mais le chasseur est prévenu : il veille, le fusil à l'épaule. Le coup part et, si la pièce tombe, le chien se jette sur elle, la ramasse sans la froisser, évite même de la tuer quand elle n'est que blessée, et vient la déposer aux pieds de son maître.

Tous les chiens ne sont pas également habiles dans ce métier de chasseurs. Leur première qualité est d'avoir un odorat subtil qui leur permette de découvrir les lieux où le gibier a passé, de démêler sa piste, de la suivre, alors même qu'elle se croise ou qu'elle se mélange avec d'autres et de se rapprocher sans cesse du point où la future victime peut être rencontrée.

La façon de poursuivre et de rabattre le gibier, l'agilité, la force, le courage sont, pour le chien courant, des qualités qu'il tient en grande partie de la nature ; l'habileté à dépister les bêtes, à arriver jusqu'à elles sans les effaroucher, la docilité, l'adresse sont également apportées en naissant par le chien d'arrêt. L'éducation peut compléter ou développer ce fonds primitif, mais ne le crée pas ; aussi les races de chiens sont-elles très différemment prisées par les chasseurs, qui prennent soin de garder pures celles en qui ils ont découvert les plus grandes aptitudes.

Parmi les chiens courants, il est une race qui rend des services particuliers : c'est celle des *bassets*. Leur corps est allongé, leurs jambes très courtes et parfois tordues ; ces animaux pénètrent facilement dans des terriers où les chiens de conformation ordinaire ne pourraient s'engager ; on les emploie particulièrement à chasser le renard et le blaireau, qui, lorsqu'ils sont poursuivis, viennent se réfugier dans les galeries souterraines dont ils ont fait habitation. Les aboiements du chien, le bruit de la lutte qu'il engage avec le propriétaire du logis guident dans les fouilles qu'on entreprend pour arriver jusqu'au malheureux, le prendre ou le mettre à mort.

La chasse aux fourrures. — La façon de chasser varie naturellement beaucoup avec le gibier qu'on poursuit et avec l'emploi qu'on en veut faire. Tantôt la chasse n'a d'autre objet que de détruire des animaux nuisibles, tels que les loups et les renards : on s'inquiète alors fort peu des moyens ; d'autres fois, les animaux tués sont destinés à être mangés, et c'est à eux surtout que s'appliquent les genres de chasse que nous venons de décrire. Dans nos pays civilisés, le gibier est un objet de luxe, la chasse un plaisir et ne constitue pas une véritable industrie. Mais on chasse aussi des animaux à qui l'on ne demande que leur fourrure : tels sont les petits-gris, les castors, les martres, les fouines (fig. 180), les hermines (fig. 48), les visons, les renards bleus, les gloutons, etc.

Cette chasse se fait surtout dans les pays froids, où les fourrures sont particulièrement belles pendant l'hiver. La Sibérie, le Kamtchatka, le nord de la Chine, l'Amérique russe, l'Amérique du Nord sont les pays qui fournissent le plus de fourrures ; mais l'Europe entre aussi pour une part dans ce genre de productions. Les centres du commerce des fourrures en Europe sont Francfort et Leipzig, où les peaux arrivent directement de tous les territoires russes qui approvisionnent aussi la Chine. Autrefois, Québec, Montréal et Tadoussac étaient, au Canada, les entrepôts des pelleteries américaines ; une Société, fondée en 1640, la Société de la baie d'Hudson, rivalise avec le Canada, achète aux Indiens les peaux qu'ils ont pu se procurer et les envoie directement à Londres.

La chasse aux animaux à fourrures se fait avec une telle activité, qu'on peut évaluer à 24 millions et demi le nombre des animaux dont la peau entre chaque année dans le commerce des nations civilisées. Ce chiffre énorme ne représente qu'une faible partie des mammifères qui périssent chaque année sous les coups de l'homme. La valeur totale des peaux vendues dans cet espace de temps est d'environ 40 millions de francs.

Il y a évidemment tout intérêt à tuer les animaux à fourrure sans détériorer leur peau. Le fusil serait un engin fort mauvais, à cause des blessures irrégulières qu'il fait. Aussi chasse-t-on généralement ces animaux avec des pièges. Leur chasse se pratique tout à fait en grand. Les hommes qui en font métier se nomment des *trappeurs*. Ils sont organisés en compagnies, qui obéissent à un chef expérimenté et se partagent un territoire. Chaque compagnie bat une région déterminée ; de distance en distance, les trappeurs déblaient la neige, établissent leurs pièges et reviennent au bout d'un certain temps relever les captures. Toutes les compagnies dépendant d'un même chef se réunissent à la fin de la saison à un endroit désigné d'avance, où le reste de l'hiver se passe à préparer les peaux pour l'expédition.

Les chasses aux grands animaux qui habitent les pays chauds sont pleines d'autres émotions. La chasse au lion, la chasse au tigre ou à la panthère, dont les fourrures sont aussi recherchées, se termine trop souvent par une lutte où il arrive que quelque chasseur perde la vie. Ces chasses sont cependant considérées comme des parties de plaisir.

Le plus souvent, le chasseur, dissimulé au voisinage d'un appât, attend le carnassier à l'affût ; l'abri est quelquefois une véritable forteresse qui peut soutenir l'assaut du tigre ; d'autres fois, on se contente de tendre des pièges auxquels le tigre lui-même se laisse prendre. C'est montés sur des éléphants que les grands seigneurs de l'Inde vont à la chasse de ce féroce quadrupède.

La chasse à l'éléphant. — La chasse à l'éléphant est moins dangereuse : elle a d'ailleurs pour but de prendre vivant le colosse, qui doit être ensuite apprivoisé et dressé. En Afrique seulement, où l'éléphant n'est apprivoisé que depuis peu, les nègres le tuent pour s'emparer de ses défenses, qui fournissent l'ivoire ; ils cherchent à s'approcher de l'animal par derrière et lui coupent l'un des jarrets d'un seul coup de couteau.

Dans l'Inde, la chasse à l'éléphant se fait de plusieurs manières. Quelquefois on se contente de creuser sur le trajet que suivent habituellement ces mammifères de grands trous, habilement dissimulés sous des branchages. Lorsque le pesant herbivore vient à poser son pied sur ce sol fragile, les branches cèdent et il tombe tout meurtri dans la fosse, où on le garrotte et d'où on le tire comme on peut pour commencer son éducation.

Un autre procédé, qui est applicable seulement aux jeunes éléphants et qui est d'ailleurs peu sûr et fort coûteux, est pratiqué à Ceylan. On choisit deux éléphants robustes, sur chacun desquels montent trois hommes, à savoir : un conducteur qui s'assied sur leur cou, et deux autres assis sur leur croupe ; l'un de ces derniers est uniquement chargé de forcer l'éléphant à marcher en le frappant à coups de maillet, l'autre tient à la main une corde munie d'un nœud coulant tout préparé. Quand l'éléphant que l'on veut prendre est découvert, on force les deux éléphants domestiques à venir se placer chacun à l'un de ses côtés. L'homme qui tient la corde la jette autour du cou de l'animal ; l'éléphant sauvage, solidement lié aux deux autres, finit par se laisser conduire par eux et on arrive peu à peu à le dompter.

Ce sont là de petites chasses. La chasse se fait en grand d'une autre façon pour le compte du gouvernement anglais dans le Bengale. Une expédition composée de trois cent soixante-dix hommes se met en campagne dans les jungles et cerne une troupe d'éléphants. Dès que la troupe est cernée, les hommes, placés deux par deux à cinquante mètres environ les uns des autres, dressent verticalement une clôture légère en bambous. Puis chaque poste se met en garde nuit et jour. Le jour les éléphants se montrent peu ; le soir, ils tentent de sortir, mais on les effraie en allumant de grands feux et en faisant au besoin des décharges de mousqueterie. La clôture en bambous est uniquement destinée à s'assurer qu'aucun des éléphants de la troupe n'a échappé et à permettre de retrouver les sentinelles coupables d'avoir manqué de vigilance dans le cas où l'un des captifs aurait forcé l'enceinte.

On continue à surveiller ainsi la troupe et, en même temps, on construit sur l'une des routes habituellement suivies par les éléphants une enceinte très solide, placée dans un endroit où une végétation serrée permet de la dissimuler. On laisse seulement ouverte une porte de trois ou quatre mètres. De chaque côté de celle-ci on établit ensuite une forte palissade de manière à limiter un corridor qui va s'élargissant à mesure qu'on s'éloigne de la porte. Les sentinelles rétrécissent alors leur cercle de plus en plus et rabattent la troupe dans la direction du corridor ; elles la tiennent bloquée, comme au début des opérations, dans un cercle qui a pour point de départ les extrémités des deux palissades.

Enfin, les éléphants finissent par s'engager dans le chemin qui conduit à l'enceinte et l'on élève derrière eux une nouvelle barrière qui rend toute fuite impossible. Alors on introduit dans l'enceinte des éléphants apprivoisés guidés par leur conducteur. Ces éléphants viennent se placer entre les éléphants sauvages, de manière à les isoler les uns des autres : les conducteurs mettent pied à terre, lient adroitement ensemble les pieds de derrière des captifs, leur passent une corde autour du cou et les conduisent dans la forêt, où ils les attachent solidement jusqu'à ce qu'ils soient devenus suffisamment dociles.

Il n'est presque jamais arrivé que les éléphants sauvages ainsi capturés aient essayé de jeter bas les conducteurs des éléphants domestiques, au moment où ils pénétraient dans l'enceinte assis sur leur monture.

Les éléphants captifs se laissent assez rapidement dompter ; mais ils reproduisent rarement en captivité et

FIG. 88. — Autruche et son petit.

on ne peut les compter comme des animaux attachés à l'homme au même titre que le bœuf ou le cheval.

La chasse à l'autruche. — Jusque dans ces dernières

années, où l'on a commencé avec succès, au Cap de Bonne-Espérance, l'élevage de l'autruche (fig. 88) en domesticité, les autruches dont les Arabes se servaient comme montures étaient prises au nid et dressées dès leur jeunesse. On chasse cependant aussi l'autruche adulte pour avoir ses plumes, dont il se fait un grand commerce. Cette chasse se fait à cheval, mais la vitesse de l'autruche à la course est bien plus grande que celle du cheval, et l'on ne parviendrait jamais à l'atteindre si elle ne décrivait toujours dans sa fuite un arc très prononcé : les chasseurs cherchent à se rendre compte du point où l'autruche passera, coupent court et dirigent leurs montures vers ce point. Si leur calcul a été mal fait, en changeant encore un peu la direction, ils n'en prendront pas moins de l'avance sur l'oiseau. Ils finissent par l'atteindre, après avoir répété un certain nombre de fois cette opération, et l'assomment à coup de bâton ou à l'aide d'une corde terminée par un corps pesant. Assez souvent on tire l'autruche à l'affût en se plaçant en embuscade dans un trou creusé à peu de distance de son nid. Plus rarement, les nègres essayent de la surprendre en s'introduisant dans une peau d'autruche et simulant avec leur bras passé dans le cou les mouvements de l'animal.

SIXIÈME LEÇON

Les instruments de pêche. — La pêche occupe encore
plus de bras et donne à l'homme infiniment plus de pro-

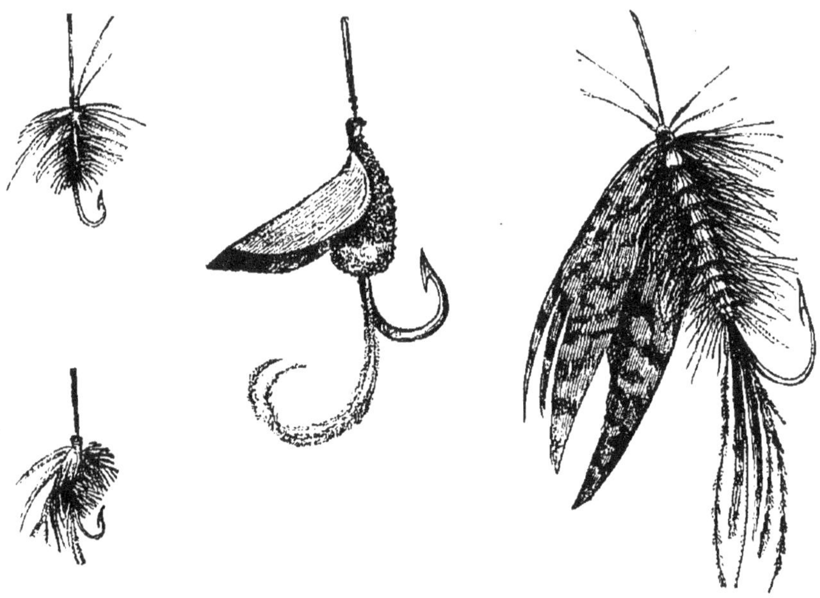

FIG. 89. — Hameçons garnis de mouches artificielles.

fits que la chasse. Les eaux douces, aussi bien que la mer,
nourrissent de nombreux poissons qui entrent pour une
part importante dans notre alimentation.

La ligne est l'instrument de prédilection de ceux qui
ne font de la pêche qu'une paisible distraction ; grâce à

la voracité naturelle de presque tous les poissons, elle n'en
fait pas moins de nombreuses victimes : les truites elles-
mêmes, malgré leur caractère défiant, mordent à l'appât
de la mouche artificielle (fig. 89) lancée à la surface de
l'eau par un habile pêcheur. A côté de la ligne on a ima-

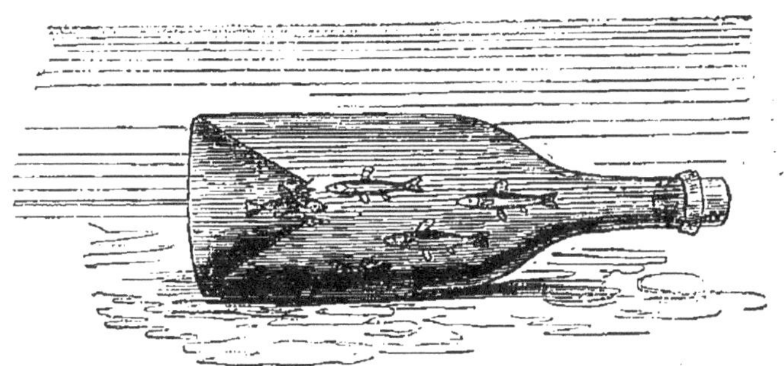

FIG. 90. — Carafe à goujons.

giné bien d'autres pièges pour le poisson. Les goujons
se laissent prendre dans une simple bouteille dont le
goulot est bouché et dont le fond a été percé (fig. 90). Le
poisson est naturellement conduit dans la bouteille par la
partie évasée du fond ; mais, une fois entré, il ne retrouve plus le trou par où il a passé et il est facile à
prendre. La *nasse* et le *verveux* (fig. 92) ne sont que des

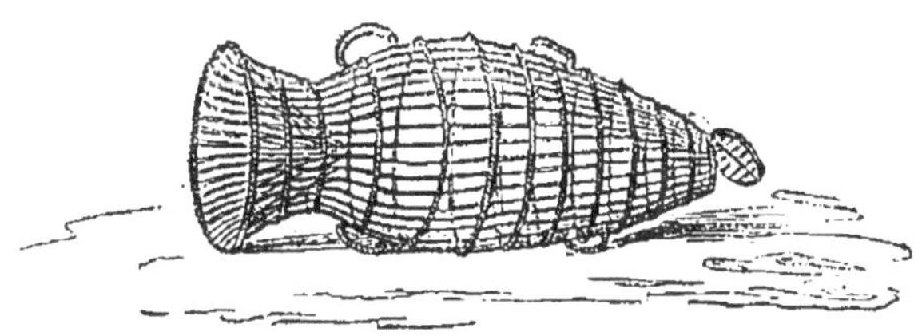

FIG. 91. — Nasse.

perfectionnements de ce piège primitif : ils sont beaucoup
plus grands ; la nasse est en osier, le verveux en filet
soutenu par des cercles de bois ou de fil de fer. On

donne le nom de *louve* (fig. 93) à un verveux cylindrique dans lequel les poissons peuvent entrer par les deux

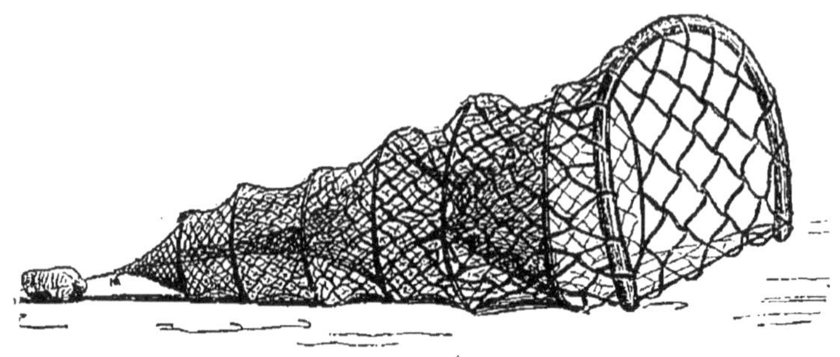

Fig. 92. — Verveux.

extrémités et d'où ils arrivent rarement à sortir. On rend ces pièges plus fructueux en pratiquant dans les rivières

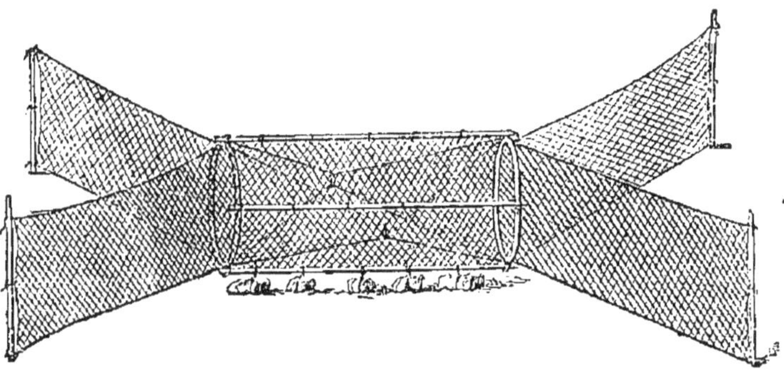

Fig. 93. — Louve.

des barrages de pierre interrompus sur un étroit espace, dans lequel on les dispose.

L'*épervier* (fig. 94) est un filet circulaire retenu par une corde fixée à son centre, relevé sur son pourtour de manière à former une poche continue et alourdi par des balles de plomb. On lance l'épervier de manière qu'il s'étale largement en tombant à l'eau. Quand on le ramène à soi en tirant sur la corde, sa circonférence balaie le fond de la rivière en se rétrécissant de plus en plus, et le poisson prisonnier est saisi dans l'épervier ou se rassemble dans les poches dont il est bordé.

La *senne* (fig. 95) permet de faire des pêches plus pro-

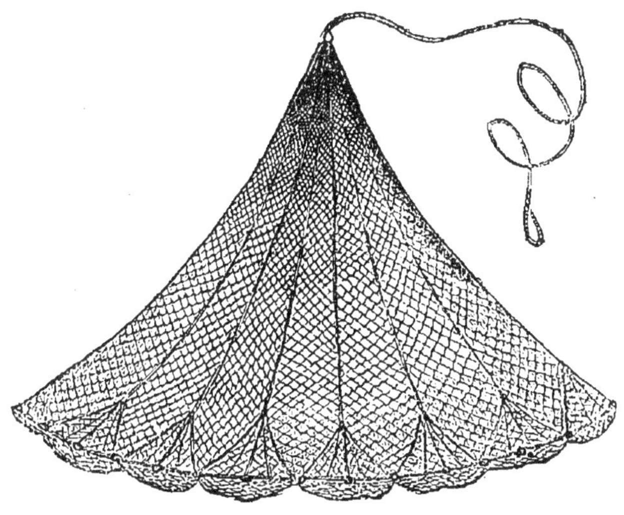

Fig. 94. — Épervier.

ductives encore ; on l'emploie fréquemment pour pêcher dans les étangs. C'est un long filet, ayant environ 1^m,50 de

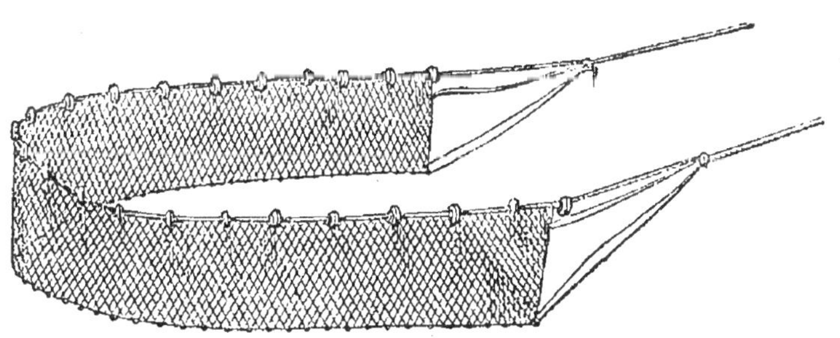

Fig. 95. — Senne.

hauteur, lesté inférieurement par des balles de plomb et maintenu flottant vers le haut au moyen de plaques de liège. Aux deux extrémités du filet sont attachées des cordes de longueur variable suivant les conditions dans lesquelles la pêche doit se faire et sur lesquelles plusieurs hommes peuvent tirer à la fois. On met la senne à l'eau de manière à emprisonner le poisson entre elle et le rivage ; puis on tire sur les cordes en ramenant graduellement la senne vers le rivage (fig. 96) Le poisson fuit devant le filet. Quand la senne touche au fond, il est

FIG. 96. — Pêche à la senne.

complètement bloqué. On peut alors le traîner jusque sur les bords de l'étang, où des hommes le prennent à la main.

Ces procédés de pêche bien connus ne sont qu'un diminutif de ceux qu'on emploie en mer. Beaucoup de poissons de mer qui vivent solitaires et, parmi ceux qui voyagent en troupes, les maquereaux et les morues se prennent à la ligne. Mais la ligne est une corde qui a parfois plusieurs centaines de mètres de longueur et à laquelle sont attachées des cordelettes plus fines supportant chacune un ou plusieurs hameçons. Un corps pesant attaché à l'une des extrémités de ces lignes les entraîne au fond, un morceau de liège flottant, portant le nom de bouée, auquel leur seconde extrémité se trouve fixée, indique leur position. Chaque matin, on va relever ces *lignes de fond*, auxquelles un certain nombre de poissons se sont laissé prendre pendant la nuit.

Les grandes pêches au filet se font autrement qu'en rivière. A l'aide de bouées qui maintiennent sa partie su-

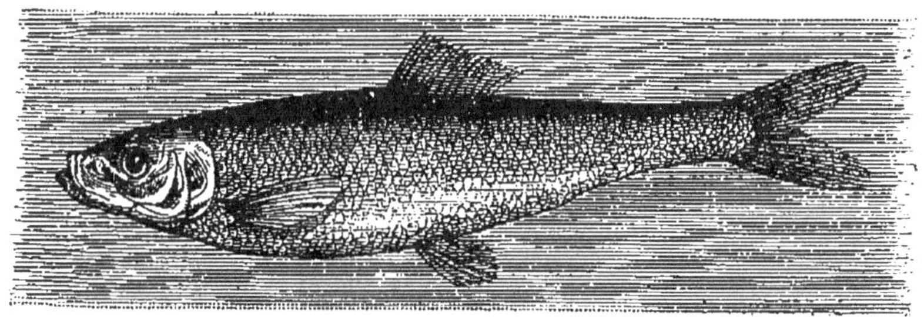

FIG. 97. — Hareng commun.

périeure, de corps pesants fixés à sa partie inférieure, le filet est tendu verticalement dans l'eau. Les dimensions de ses mailles sont calculées sur la taille du poisson que l'on veut particulièrement pêcher. Celui-ci, trouvant le filet sur son chemin, s'efforce d'en traverser les mailles qui sont trop étroites pour le laisser passer entièrement; il essaie alors de reculer, mais ses ouïes s'ouvrent et l'empêchent de se dégager. Le malheureux animal est désormais captif. C'est de cette façon qu'on pratique la pêche du hareng (fig. 97) sur les côtes de France.

La pêche du hareng et les pêches analogues. — A certaines époques, d'ailleurs fort irrégulières, on voit tout à coup apparaître des bandes de harengs en colonnes tellement serrées qu'une pique plantée au milieu d'elles pourrait, dit-on, se tenir debout. Ce sont de véritables bancs de poissons qui s'étendent sur une longueur de 5 ou 6 kilomètres et s'avancent sur un front de plusieurs centaines de mètres et une épaisseur de 1 mètre et plus ; ces colonnes se dirigent le plus souvent vers le Nord.

On ignore si les harengs changent réellement de climat en suivant un itinéraire déterminé, ou s'ils viennent seulement des régions plus profondes de la mer pour pondre au voisinage des côtes. Lorsqu'on tend les filets sur le passage d'une de leurs bandes, on prend souvent d'un seul coup autant de harengs que le filet peut en contenir. On a vu les pêcheurs d'un port prendre en une seule nuit huit cent mille harengs. Il est arrivé de prendre jusqu'à cinquante mille harengs d'un seul coup de filet. Mais ces filets sont souvent de dimensions colossales. Ceux dont se servent les Hollandais n'ont pas moins de 170 mètres de longueur et leur bord supérieur doit être soutenu par des tonneaux vides. Lever de tels filets quand ils sont chargés de poissons est une opération des plus laborieuses. On raconte qu'une grande corvette faillit sombrer sous leur poids et dut abandonner sa pêche trop merveilleuse.

Sur les côtes de France, de Suède et de Danemark, la pêche du hareng, quoique pratiquée par des populations entières, est loin d'être aussi active qu'en Norvège, en Angleterre et surtout en Hollande. La Hollande doit une bonne partie de ses richesses à la pêche du hareng. Ses vaisseaux vont jusqu'en Islande et aux îles Shetland à la rencontre des bandes de ce poisson. Au dix-septième siècle, la pêche du hareng occupait en Hollande 2 000 bateaux, 37 000 marins, et on peut évaluer les sommes qu'elle rapportait à près de cinquante millions : ce pays vendait chaque année de 6 à 700 millions de harengs. La pêche aux harengs est maintenant moins prospère ;

mais la Hollande en tire encore un revenu de plus d'un million.

L'art de conserver les harengs au moyen du sel fut découvert par un pêcheur hollandais, Georges Beukel, mort en 1397. Cette découverte donna à la pêche l'extension considérable qu'elle a prise et la mémoire de Georges Beukel est demeurée populaire en Hollande. L'empereur Charles-Quint ne dédaigna pas de rendre hommage au modeste pêcheur, à qui il devait d'ailleurs une part de ses richesses, et vint visiter sa tombe, qui est restée en Hollande un lieu de pèlerinage.

La *sardine* est une petite espèce de hareng que l'on

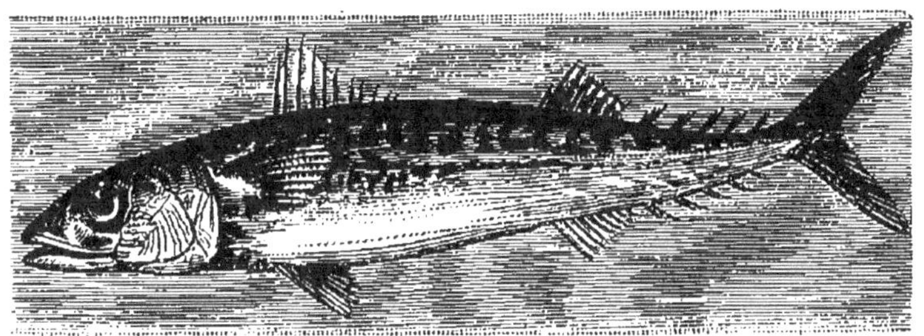

FIG. 98. — Maquereau.

pêche en assez grande quantité, soit dans la Méditerranée, soit sur les côtes de Bretagne, mais qui ne donne pas lieu à une industrie aussi considérable que le hareng proprement dit. Elle voyage aussi par bandes et on la prend avec des filets flottants, ou avec une espèce de grande senne qui permet d'en ramener vers le rivage des quantités considérables. La sardine est ensuite salée ou conservée dans l'huile.

Les *anchois*, que l'on emploie surtout comme condiment, sont voisins des sardines. On les pêche dans la Méditerranée, et les marins de plusieurs de nos ports, Antibes, Fréjus, Saint-Tropez, Cannes, prennent part à cette pêche.

L'*alose*, qui atteint une taille considérable, près de

2 mètres, et qui remonte nos rivières, comme le saumon, pour pondre, est un poisson de la famille des harengs.

Les *maquereaux* (fig. 98) font, comme les harengs, l'objet d'une pêche très active sur nos côtes. Ce sont des poissons d'une tout autre famille : on peut déjà le reconnaître aux nombreuses petites nageoires verticales qu'ils présentent en avant de leur queue. Ils se montrent par bandes considérables depuis le mois d'avril jusqu'au mois de septembre, et c'est alors qu'on les pêche sur les côtes de Bretagne et de Normandie, soit avec des lignes, soit avec des filets analogues à ceux qui servent à prendre les harengs. Les plus beaux et les meilleurs sont ceux qui sont pris dans les mois de juin et de juillet. Les plus gros se trouvent dans le voisinage de l'île de Bas. On a cru longtemps que les maquereaux passaient l'hiver dans les mers du Nord et descendaient sur nos côtes au printemps. Il est plus probable qu'ils viennent des régions profondes de la pleine mer et remontent seulement vers les côtes quand approche l'époque de la ponte.

La pêche du thon. — Les *thons* (fig. 99), voisins des maquereaux, mais atteignant une taille bien plus considérable (de 1 à 3 mètres de long), sont des poissons méditerranéens, voyageant aussi par troupes, malgré leur voracité, qui semblerait les exposer souvent à manquer de nourriture. On les recherche à cause de leur chair ferme et nourrissante, qui se conserve salée ou marinée dans l'huile. Au printemps, on voit arriver sur les côtes de Provence les bandes de thons ; elles se dirigent en général vers l'Est ; à l'automne, elles reviennent et marchent vers l'Ouest. On peut donc les pêcher deux fois l'an. La pêche se fait à la *thonnaire* ou à la *madrague*.

La thonnaire n'est en somme qu'une immense senne que plusieurs bateaux contribuent à former avec leurs filets tendus suivant un vaste demi-cercle, de manière à enfermer les poissons entre ces filets et la côte. Les poissons, effrayés, fuient le voisinage des filets, ce qui permet de former une enceinte plus resserrée à l'intérieur de la première. On refoule ainsi peu à peu les thons vers le rivage, et, lorsqu'ils arrivent dans des eaux suffisamment basses, quand le sol n'est plus qu'à 3 ou 4 mètres de profondeur, on jette dans l'enceinte une senne que l'on amène ensuite à force de bras sur la côte, où l'on s'empare des thons, soit à la main, soit à l'aide de crochets, suivant leur taille.

La pêche à la madrague se pratique plus au large,

Fig. 99. — Thon.

mais est plus cruelle. La madrague est formée par une série de chambres de filets disposés de manière que les thons, une fois qu'ils s'y sont engagés, soient forcés d'arriver jusqu'à la dernière, qu'on nomme *corpou*. Une allée de filets précède la première chambre et guide les thons vers la madrague. Quand les malheureux poissons se sont rassemblés dans la chambre dite *corpou*, on soulève un filet horizontal qui leur ferme toute issue vers le bas : ils sont alors cernés de toutes parts. On les tue à coups d'avirons, de gaffes, de crochets et on les charge dans les bateaux.

La pêche des thons est quelquefois très productive. Dans une pêche, à la vérité exceptionnelle, à Collioure, on prit en un seul jour seize mille thons, pesant chacun de 10 à 15 kilogrammes.

La pêche de la morue. — De toutes les pêches, la plus renommée est celle des morues (fig. 100). On rencontre ces poissons en grande quantité dans le nord de l'océan Atlantique et de l'océan Pacifique. C'est dans le voisinage du banc de Terre-Neuve qu'ils sont le plus abondants : chaque année, de nombreux navires de tous

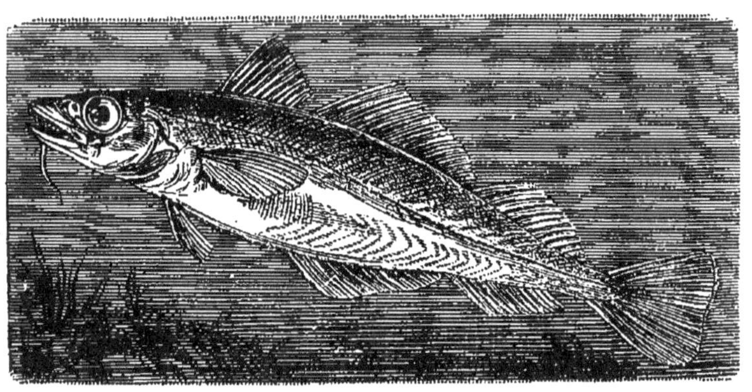

Fig. 100. — Morue (très réduite).

les pays se rendent dans ces parages et en prennent d'énormes quantités. L'Angleterre n'envoie pas moins de 200 bâtiments montés par 30 000 marins à la pêche de la morue. La Norvège, qui pratique ses pêches dans l'Atlantique, entretient pour cet usage 5 000 bateaux et 20 000 marins. La France vient bien en arrière avec 232 bateaux et environ 4 000 hommes d'équipage, la plupart originaires de Granville et de Saint-Brieuc.

Le nombre des morues pêchées sur la côte de Norvège peut être évalué à 20 millions chaque année. La pêche de Terre-Neuve est encore plus fructueuse.

On prend les morues, soit avec les immenses lignes

que nous avons déjà décrites, soit avec un filet que l'on
manœuvre comme une énorme senne. Par un bout, le
filet est fixé au rivage. Les bateaux se disposent en mer
suivant un demi-cercle et ramènent le bout libre vers la
terre. On tire alors en même temps sur les deux extrémités du filet et on jette ainsi sur le sol une quantité de
poissons parfois suffisante pour former la charge de plusieurs bateaux.

La morue est aussitôt ouverte, vidée et salée. Les foies
sont mis à part pour en extraire l'huile.

Le *merlan*, si connu sur toutes les côtes de l'Océan, et
la *lotte* de nos rivières, peuvent être considérés comme
des diminutifs de la morue.

Quelques poissons donnent lieu dans nos rivières à des
pêches assez importantes. Ce sont surtout des poissons,
comme le saumon et l'esturgeon, qui remontent nos
rivières pour y pondre et que l'on prend alors en très
grande quantité, soit à l'aide de filets, soit à l'aide de
dispositions quelquefois fort ingénieuses.

La pêche de la baleine. — Terminons enfin ce chapitre par quelques mots sur une pêche où l'homme s'attaque à un adversaire digne de lui, la *baleine*. Les
Suédois se sont livrés depuis une haute antiquité à cette
dangereuse, mais lucrative industrie ; au moyen âge, les
Basques, qui avaient commencé la pêche de la baleine
dans le golfe de Gascogne, poursuivaient déjà ces
monstres jusqu'à Terre-Neuve et aux côtes du Labrador ;
mais ils furent peu à peu supplantés par les Hollandais
et les Anglais. Ces derniers sont aujourd'hui les maîtres de
la pêche des grands mammifères marins ; ils la font avec
un égal succès au pôle Nord, au pôle Sud, en même temps
qu'ils poursuivent les cachalots des îles du Cap-Vert à la
mer des Antilles, dans l'océan Atlantique, de Madagascar
à Java, à l'Australie et à la Nouvelle-Zélande, et depuis
la Californie, les îles Fidji et les îles Sandwich jusqu'au

cap Horn, dans l'océan Pacifique. Les États-Unis disputent cependant à nos voisins ces vastes domaines et arment pour la pêche de la baleine une flotte qui ne compte pas moins de six cent trente-huit navires, pouvant jauger ensemble 202 272 tonnes.

Les navires qui se livrent à la pêche de la baleine doivent avoir un équipage d'une quarantaine d'hommes et plusieurs chaloupes. Dès que l'un de ces animaux est signalé, les chaloupes sont mises à la mer et l'une d'elles s'efforce de s'approcher à petit bruit aussi près de lui que possible. A l'avant se tient le *harponneur*, chargé de lancer le harpon, sorte de javelot de fer, fixé à l'extrémité d'un long manche et retenu par une corde attachée au navire. Le harpon doit s'enfoncer assez profondément dans la chair de la baleine pour ne pas lâcher prise malgré les efforts que peut faire celle-ci pour se dégager. Le harpon se lance à la main, mais on a imaginé diverses sortes de projectiles qui peuvent être lancés de plus loin et atteignent plus sûrement l'animal. Ces projectiles ou *bombes-lances* font explosion dans le corps de la baleine et fixent d'une façon sûre dans la chair du gigantesque mammifères la corde qu'ils entraînent avec eux.

Aussitôt blessée, la baleine plonge. Il faut alors laisser se dévider la corde qui attache le harpon au navire. Le frottement de cette corde contre le bois du bâtiment est tel pendant la fuite de la baleine, que bois et cordes prendraient feu si on ne prenait soin de les mouiller constamment. On est obligé quelquefois d'abandonner à l'animal plus de 3000 mètres de corde. Enfin cette fuite éperdue s'arrête: la baleine, fatiguée, incapable de rester indéfiniment sous l'eau, comme le ferait un poisson, est obligée de revenir à la surface pour respirer. Alors commence une nouvelle attaque, qui se termine quelquefois par la mort de l'animal, avant que celui-ci ait eu le temps de replonger, mais qui n'est d'ordinaire que le début d'une lutte marquée par les plus émouvantes péripéties.

Pourtant la baleine succombe. Les matelots descendent alors sur son dos ; se mettent à dépecer sa chair au moyen d'outils appropriés, recueillent ses fanons et n'abandonnent en général que la carcasse. La baleine est poursuivie pour ses fanons et pour l'huile qui imprègne tous ses tissus ; le cachalot, pour cette huile, pour *l'ambre gris*, parfum recherché qui se produit dans ses intestins, et pour la singulière substance grasse qui se forme entre son crâne et la peau, et que l'on vend sous le nom de *spermaceti* ou *blanc de baleine*.

Vous voyez, par tout ce que nous venons de dire, combien est immense le tribut que l'homme prélève sur les habitants des mers. Les poissons de mer, dont la fécondité est énorme, résistent à cette exploitation sans trêve ni merci ; les baleines, qui ne produisent qu'un baleineau à la fois, diminuent au contraire rapidement et l'on voit arriver le moment où elles seront fort rares.

Dans nos eaux douces, la pêche faite sans ménagement a amené un dépeuplement inquiétant des rivières. On a cherché à y remédier en favorisant la multiplication des poissons par une série de procédés qui constituent la *pisciculture*. Malheureusement, ces procédés, malgré tout l'intérêt qu'ils méritent, n'ont pas donné jusqu'ici tous les résultats qu'on était en droit d'en attendre.

SEPTIÈME LEÇON

ANIMAUX DOMESTIQUES ; ANIMAUX UTILES, NUISIBLES

Les animaux domestiques. — L'homme ferait sans doute une guerre encore plus acharnée aux animaux que la chasse et la pêche mettent entre ses mains, s'il n'avait eu l'idée de retenir et de conserver indéfiniment auprès de lui un assez grand nombre d'animaux qu'il nourrit et

Fig. 101. — Civette.

qu'il protège, qui se reproduisent autour de sa maison, obéissent à leur maître, travaillent pour lui, et deviennent en outre les pourvoyeurs ordinaires de sa table. Ce sont là les *animaux domestiques.* Il ne faut pas confondre les *animaux domestiques* avec les *animaux appri-voisés*. Beaucoup d'animaux sont susceptibles de s'atta-cher à l'homme, de lui obéir et de lui rendre divers services : on peut dresser les loutres à la pêche ; les Japonais dressent souvent au même exercice de grands

FIG. 102. — Kamichi fidèle.

oiseaux de mer, les cormorans, comme on dressait autre-fois le faucon à la chasse. L'*ichneumon* remplit chez les Egyptiens le rôle de nos chats ; les habitants de Mada-gascar emploient au même usage un autre petit carnas-sier. Les *civettes* (fig. 101) sont élevées en assez grand nombre en Abyssinie, à cause de leur parfum ; dans l'A-

mérique du Sud, on confie à un oiseau, le *kamichi fidèle*
(fig. 102), la garde des troupeaux de volailles ; un autre
oiseau, l'*agami*, garde même des bestiaux ; dans l'Afrique
méridionale, un autre oiseau, le *serpentaire* (fig. 103)

FIG. 103. — Serpentaire.

déjà grand destructeur de serpents, protège les basses-
cours contre tous les maraudeurs qui tentent de s'y introduire. Mais la soumission de ces animaux est toute per-
sonnelle ; il est rare qu'ils se reproduisent en captivité
et, si cela arrive, il faut recommencer l'éducation de

leurs petits, qui, livrés à eux-mêmes, retourneraient à la vie sauvage. L'éléphant, malgré sa docilité, n'est pas encore domestiqué, pas plus que les singes, les ours, les marmottes, les perroquets, les innombrables oiseaux que nous élevons en volière et de qui nous réussissons si souvent à obtenir des actes non équivoques de soumission.

Les animaux domestiques se sont fait, pour ainsi dire, une seconde nature de la façon de vivre que l'homme leur a imposée. Ils se reproduisent en domesticité plus abondamment qu'à l'état de nature et leurs petits sont dès leur naissance aussi complètement soumis qu'eux-mêmes au régime artificiel auquel nous les plions. Les jeunes ont quelquefois besoin d'une éducation particulière pour arriver à rendre tous les services qu'on attend d'eux ; mais ils sont, en quelque sorte, de la maison et ne cherchent jamais à quitter la basse-cour, l'étable ou l'écurie pour mener une existence vagabonde.

Quand on songe à l'immensité du règne animal et au parti que l'homme pourrait tirer de beaucoup d'espèces sauvages, on est étonné de voir combien est petit le nombre des animaux que l'homme a ainsi complètement soumis. On n'en compte, par toute la terre, que quarante-sept espèces, dont trente-deux habitent la France ; les autres sont étrangères. Encore mettons-nous dans ce nombre la carpe, parmi les poissons et, parmi les insectes, trois espèces d'abeilles, trois espèces de vers à soie et la *cochenille,* sorte de puceron qui fournit le carmin ; la domesticité de ces animaux est évidemment bien douteuse quand on la compare à celle du chien.

La plupart des animaux domestiques sont devenus les compagnons de l'homme depuis la plus haute antiquité. Le chien était domestique en Europe avant que l'homme eût commencé à écrire son histoire et peut-être même au temps où vivait le grand éléphant velu connu sous le nom de mammouth.

Le cheval, l'âne, le bœuf, le mouton, le porc ont

été asservis bien avant la période historique ; il en est de même du renne, aujourd'hui confiné dans les régions polaires.

Le chat paraît avoir été domestiqué en Égypte six ou sept cents ans avant Jésus-Christ ; mais il ne s'est répandu en Europe, à cet état, que durant le moyen âge. Le lapin a été élevé par l'homme un peu plus tôt.

Fig. 104. — Cygne.

La domestication du canard, de l'oie, du cygne (fig. 104), du pigeon s'est faite seulement dans l'antiquité.

Plusieurs de ces animaux, le mouton, le bœuf, le cheval, le porc, le lapin, le chat, le pigeon, le canard, l'oie ont vécu ou vivent en Europe à l'état sauvage, sans qu'il soit certain qu'ils aient été réduits sur place à l'état domestique. Au contraire, la chèvre et l'âne nous viennent d'Asie ; le coq et le paon, de l'Inde ; le faisan, de l'Asie

Mineure, d'où il a été rapporté par les Argonautes ; le cygne, du Nord de l'Europe, le ver à soie, de la Chine ; le *cobaye* ou cochon d'Inde, le dindon, la cochenille, d'Amérique ; enfin, l'Afrique nous a fourni la pintade (fig. 105), peut-être le furet, et un oiseau de luxe, le serin des Canaries. Naturellement, on n'a pas réduit à la domesticité tous les individus de chacune de ces espèces ;

FIG. 105. — Pintade

aussi la plupart existent-elles encore à l'état de liberté, dans leur pays d'origine.

Mais les animaux domestiques ont éprouvé entre nos mains de tels changements qu'il est souvent impossible de déterminer exactement, parmi plusieurs espèces sauvages voisines, celle qui leur a donné naissance.

On a considéré tour à tour le moufflon de la Corse, celui de l'Algérie (fig. 106) et l'argali de l'Asie comme les ancêtres du mouton ; quelques-uns de nos bœufs descendent certainement d'un bœuf énorme, différent de l'aurochs, qui vivait encore en Allemagne du temps de Charlemagne; cet animal ne paraît cependant pas avoir été seul à remplir nos étables; l'embarras est encore plus grand pour le chien, qui, de même que le cheval, n'a jamais été connu à l'état sauvage depuis les temps historiques et qui a fourni des races si nombreuses.

Fig. 106. — Moufflon à manchettes d'Algérie.

En revanche, il est à peu près certain que les pigeons de nos colombiers descendent tous du *biset* ou *pigeon de roches* de nos pays, et l'on n'a aucun doute sur la parenté du porc avec le sanglier, du lapin, du chat, du canard et de l'oie domestiques avec le lapin, le chat, le canard et l'oie grise qui sont encore sauvages en Europe.

Peu d'animaux domestiques se sont montrés aussi faciles que le chien.

C'est l'animal domestique par excellence, celui qui s'est le mieux plié à tous nos besoins : il défend notre maison, surveille ses alentours, garde nos troupeaux, chasse pour notre compte, sait se rendre utile à la maison de mille manières, consent même à traîner des voitures et pousse le dévouement jusqu'à se faire tuer pour son maître.

Ses races et variétés sont innombrables, depuis le dogue jusqu'au lévrier, depuis le terre-neuve et le superbe chien de montagne jusqu'au modeste king-charles que les dames peuvent mettre dans leur manchon. L'une d'elles fournit un mets estimé à la cuisine des Chinois. Nous avons façonné son corps au gré de nos désirs. Nous avons aussi, sans aucun doute, augmenté considérablement son intelligence première. C'est du reste, avant tout, de l'intelligence qu'on lui demande aujourd'hui.

A d'autres animaux, tels que le bœuf, l'âne, le cheval, nous demandons au contraire une force ou une agilité qui nous manquent : nous trouvons la force alliée à une inaltérable patience chez les deux premiers; tandis que chez le second elle s'unit à la fougue, à l'impétuosité, au courage brillant et à une incontestable intelligence.

Du bœuf nous ne tirons pas seulement du travail; sa chair est le plus nourrissant de nos aliments habituels, sa peau nous sert à fabriquer le cuir, ses cornes sont utilisées pour toutes sortes de petits ouvrages, son sang et ses os sont employés à la fabrication du *noir animal* qui nous permet de clarifier les liqueurs, tandis que la vache nous donne son lait, d'où nous tirons presque tout le beurre et le fromage que nous consommons.

Le mouton ne travaille pas, et la domesticité lui a enlevé une grande partie de son élégance, de sa vigueur et de son intelligence natives; on l'élève pour sa chair, pour sa graisse, le suif, pour sa laine, et pour le lait que fournit la brebis. Il en existe des races nombreuses qui répondent à ces divers besoins : les unes donnent une chair abondante et savoureuse, comme les moutons *Dishley* ; les autres, comme les *mérinos* (fig. 107), une laine fine et frisée propre à la fabrication des beaux tissus.

La chèvre ne donne que rarement autre chose que son lait et ses chevreaux que l'on mange en certains pays ; la chèvre de Cachemire et la chèvre d'Angora (fig. 108) produisent cependant une laine d'une grande valeur.

Le porc est à peu près exclusivement nourri pour la charcuterie ; on l'emploie aussi dans le Périgord à la re-

Fig. 107. — Bélier mérinos de Mauchamp.

cherche des truffes, et ses soies sont utilisées par les cordonniers.

Du lapin nous mangeons la chair, et c'est de son poil que sont fabriqués nos chapeaux de feutre et beaucoup de nos fourrures communes.

C'est aussi pour notre table que nous entretenons la plupart des oiseaux de basse-cour, dont les plumes ont cependant aussi de nombreux usages.

Quelques animaux vraiment domestiques, tels que le serin des Canaries et le poisson rouge, qui est voisin des carpes, sont uniquement des animaux d'agrément, et l'on

peut en dire autant du cygne et du paon, que l'on mange
bien rarement aujourd'hui.

N'oublions pas de citer à la suite des animaux domestiques les abeilles, à qui nous ne donnons guère qu'un abri,
la ruche, et le droit de visiter nos fleurs, en échange du miel

Fig. 108. — Chèvre d'Angora.

et de la cire qu'elles nous rendent. Nous apprendrons plus
tard à connaître leur étonnante industrie.

Le ver à soie, simple chenille, nous demande plus de
soins. Il faut l'élever pour ainsi dire à la brochette dans
des établissements appelés *magnaneries*, où viennent parfois l'atteindre de graves épidémies. La feuille du mûrier
est sa nourriture exclusive, et le ver est la machine qui tire

de cette feuille les fils brillants de nos plus magnifiques étoffes.

L'Europe est actuellement la contrée qui possède le plus d'animaux domestiques ; l'Européen a naturellement cherché à transporter partout où il s'est établi ces serviteurs qui sont une bonne part de ses richesses. A sa suite, le chien, le cheval, le bœuf, le mouton ont pénétré en Amérique et en Australie, où ils n'existaient pas au moment de

Fig. 109. — Dromadaire.

la découverte, et où ils sont quelquefois redevenus sauvages.

Le chien est le seul animal qui ait suivi l'homme sous toutes les latitudes, depuis les régions glacées des pôles jusque sous l'équateur. Tous nos autres animaux domestiques ont cédé devant la rigueur des climats polaires et le Lapon ne peut élever, en dehors du chien, que le renne (fig. 47), sorte de cerf, qui est à la fois bête de somme, rapide coureur, animal de boucherie, producteur de laitage

et dont les os, la corne et la peau sont encore employés soit
à fabriquer des vêtements, soit à les coudre.

Le dromadaire (fig. 109) est presque aussi utile aux
habitants du Sahara que le chameau à ceux des déserts
de l'Asie; le lama (fig. 48), leur proche parent, rend les
mêmes services aux peuplades de la Cordillèredes Andes :
il était, avant la conquête, le seul animal domestique de
l'Amérique.

C'est en Asie que l'homme paraît s'être d'abord occupé
de domestiquer des animaux. Nous y retrouvons la plupart de nos animaux domestiques et, en outre, plusieurs
espèces de bœufs, tels que l'yack de l'Himalaya, le zébu ou
bœuf bossu de l'Inde, le gayal ou bœuf des jungles et
l'*arni*, qui n'est qu'une variété du buffle actuellement domestiqué dans le midi de l'Europe. L'éléphant y devient,
en outre, la plus puissante des bêtes de somme.

Acclimatation. — Il est fort probable que, si nous
voulions nous en donner la peine ou si nous y trouvions
quelque avantage sérieux, nous pourrions réduire à
l'état domestique un beaucoup plus grand nombre des
animaux propres à notre pays. Nous pourrions même
emprunter, comme nos ancêtres l'ont fait souvent, des
animaux domestiques à d'autres contrées et les importer
chez nous. Bien plus, nous pourrions encore importer
des animaux sauvages étrangers, les habituer graduellement à notre climat et au genre de nourriture qu'il
pourrait leur offrir, les mettre dans les meilleures conditions possibles pour se reproduire et rendre ainsi,
peu à peu, domestiques chez nous des espèces sauvages
dans leur pays d'origine. C'est là le but que poursuivent
les *Sociétés d'acclimatation.*

Acclimater une espèce dans un pays donné, c'est
l'habituer à vivre et à se reproduire à l'état sauvage ou
à l'état domestique dans ce pays, différent de celui
qu'elle habitait d'abord. Il arrive quelquefois que des
espèces s'acclimatent ainsi naturellement et malgré

l'homme : c'est ce qui a eu lieu pour la punaise des lits, le rat noir, le surmulot et un grand nombre de plantes.

Un fort beau papillon du Japon, dont la chenille peut fournir une bonne soie, le ver à soie de l'ailante, s'est si bien acclimaté chez nous, dans ces dernières années, qu'il vit à l'état sauvage sur les *ailantes* ou *vernis du Japon* qu'on a plantés sur divers boulevards de Paris.

Définition des animaux utiles et nuisibles. — L'homme n'a cherché à rendre domestiques que les animaux qui pouvaient lui être utiles ou dont il pensait tirer quelque agrément. De même, il n'a cultivé que les plantes dont les fruits ou les produits divers pouvaient servir soit à son alimentation, soit à celle des animaux domestiques, soit à son industrie, soit enfin à son plaisir. Il a pris sous sa protection les animaux domestiques et les plantes cultivées, et il appelle *animaux nuisibles* tous ceux qui s'attaquent à lui, aux produits de son travail, aux animaux qu'il élève, aux plantes qu'il cultive. A mesure que l'industrie humaine se développe, à mesure que le nombre des animaux domestiques et des plantes cultivées s'accroît, ces animaux et ces plantes ayant leurs ennemis naturels, le nombre des animaux nuisibles augmente ; mais les animaux nuisibles sont eux-mêmes attaqués par des animaux sauvages, qui deviennent par cela même nos auxiliaires et que nous considérons dès lors comme des *animaux utiles*. Le nombre de ces animaux croît encore comme celui des animaux nuisibles ; de sorte qu'une foule d'êtres qui seraient indifférents au sauvage privé d'industrie, prennent chaque jour plus d'intérêt pour l'homme civilisé, auquel ils font involontairement concurrence ou qu'ils aident sans le savoir.

Chaque animal vit pour lui ; il n'est originellement ni utile, ni nuisible ; il ne le devient que lorsque les envahissements graduels de l'homme l'ont mis en pré-

sence de cet être privilégié, qui le traite en ennemi ou
en ami suivant le dommage qu'il lui cause ou les services
qu'il lui rend.

Les animaux carnassiers sont nuisibles s'ils s'attaquent
à notre personne, à nos troupeaux ou au gibier que nous
aimons à poursuivre; si par hasard ils mangent de préférence les rats et les mulots, ils deviennent utiles:
c'est le cas des chouettes, à qui leurs mœurs nocturnes ne
permettent guère de trouver d'autre proie. Les insectes
qui rongent les feuilles ou les racines de nos arbres et

Fig. 110. — Hérisson et ses petits.

de nos plantes cultivées, ceux qui s'attaquent à nos bois,
ceux qui vivent en parasites sur nous ou sur nos animaux domestiques sont des animaux nuisibles; nous
considérons comme indifférents ceux qui s'attaquent à
des plantes inutiles, comme l'ortie ou le chardon.

D'assez nombreux mammifères, le hérisson (fig. 110),
la taupe (fig. 182), la musaraigne (fig. 111), les chauves-
souris, presque tous les petits oiseaux détruisent les insectes: nous les considérons avec raison comme des animaux
essentiellement utiles, et il existe des lois pour protéger
quelques-uns d'entre eux. Bien peu d'animaux sont exclu-

sivement bienfaisants : nous avons jugé le lapin comme un animal suffisamment utile pour le réduire à l'état domestique ; le lapin sauvage est cependant considéré partout comme un animal nuisible ; beaucoup de nos petits oiseaux chanteurs, tout en dévorant des insectes, prélèvent une dîme sur les graines de nos plantes cultivées ; les taupes, en cherchant les vers blancs ou les vers de terre, coupent beaucoup de racines, culbutent de jeunes plantations, endommagent les canaux d'irrigation ou de drainage et les berges des étangs ; aussi discute-t-on encore la question

Fig. 111. — Musaraigne.

de savoir s'il faut les protéger ou les combattre ; en attendant, certains industriels n'ont pas d'autre métier que de les détruire. Il en est de même des courtilières (fig. 112), gros insectes voisins des grillons, qui fouissent le sol comme la taupe en coupant les racines et que l'on a cependant quelque raison de croire carnassiers. Il y a un insecte, le *réduve masqué*, qui fait une grande destruction de punaises de lits, mais sa piqûre est aussi douloureuse que celle d'une guêpe. L'abeille elle-même, qui nous donne son miel, ne nous frappe-t-elle pas de son aiguillon ? Les couleuvres dévorent une quantité de mulots et de petits animaux nuisibles ; mais leur ressemblance avec les vipères les a fait condamner presque partout ; les vipères d'ailleurs, malgré leur venin subtil, nous rendent les mêmes services que les couleuvres.

Les animaux ne font en définitive que rechercher leur subsistance suivant les moyens qu'ils possèdent ; de même qu'ils sont outillés pour la trouver, ils sont armés pour défendre leur vie. Aucun d'eux n'a été fait spéciale-

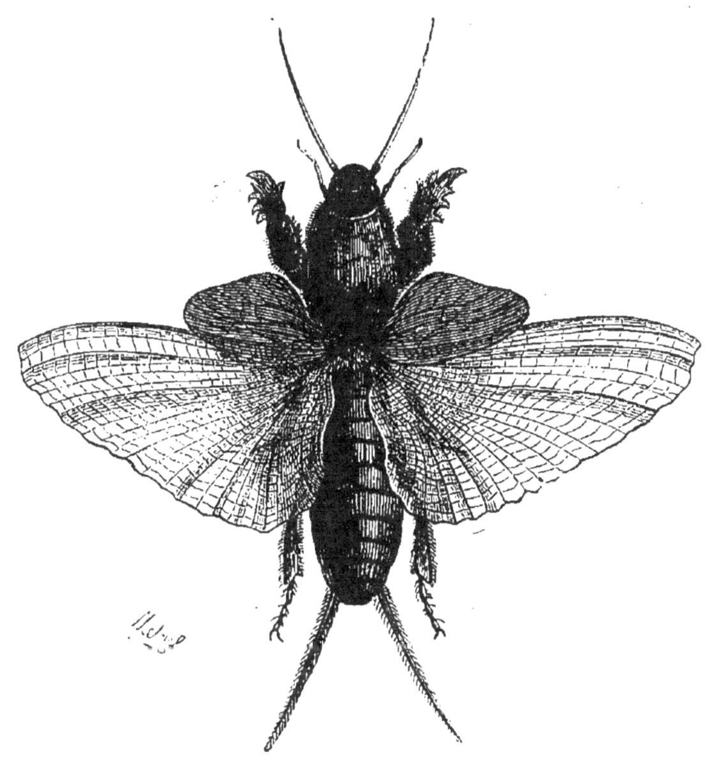

Fig. 112. — Courtilière

ment pour nous servir ou nous causer préjudice ; il n'y a pas d'animaux méchants et d'animaux bons ; il n'y a que des animaux qui demandent, comme nous, à vivre et en ont, comme nous, le droit. Tous méritent également notre intérêt ; mais le soin de notre protection nous a conduits à déclarer la guerre à quelques-uns ou à nous garder contre eux. Il est important de les connaître.

Les animaux nuisibles. — En première ligne parmi les animaux nuisibles viennent ceux qui s'attaquent directement à nous et sont assez forts pour que nous devenions leur proie. Ces animaux sont rares en Europe : l'ours, le loup, dans nos pays, sont seuls à craindre. Parfois le glouton, des pays septentrionaux, se jette aussi, dit-on, sur l'homme ; on accuse encore un énorme poisson du Danube, le *silure,* de dévorer les enfants qui arrivent accidentellement à sa portée et l'on raconte plusieurs histoires d'aigles ayant enlevé de petits montagnards de

Fig. 113. — Jaguar.

cinq ou six ans. Tous les pays ne sont malheureusement pas aussi privilégiés que l'Europe. L'ours blanc et l'ours gris d'Amérique sont déjà moins respectueux pour l'homme que l'ours brun de nos montagnes. Les lions, les panthères, les jaguars (fig. 113) n'attaquent l'homme que poussés par la faim ; mais les tigres mangent chaque année dans l'Inde un nombre considérable de personnes et sont assez audacieux pour choisir leur victime au milieu d'une troupe, la saisir et l'enlever avant qu'on ait eu le temps de se mettre en garde. Certains individus font même de l'homme leur proie habituelle ; on les appelle des *maneaters,* c'est-à-dire des *mangeurs d'hommes.*

Parmi les reptiles, il faut redouter les crocodiles du Nil et les caïmans d'Amérique ; le gavial du Gange paraît moins à craindre. Les boas d'Amérique, les pythons de l'Afrique, de l'Inde et des îles de la Sonde ont étouffé des hommes dans leurs replis et les ont dévorés ; mais ce sont là des accidents fort rares.

Le requin et quelques poissons voisins, tels que le hideux *squale marteau* (fig. 114), sont, en mer, des animaux redoutables, mais qui n'ont pas souvent l'occasion d'exercer leur férocité.

Certaines chauves-souris de l'Amérique du Sud, qui ont bien mérité leur nom de vampires, sucent le sang

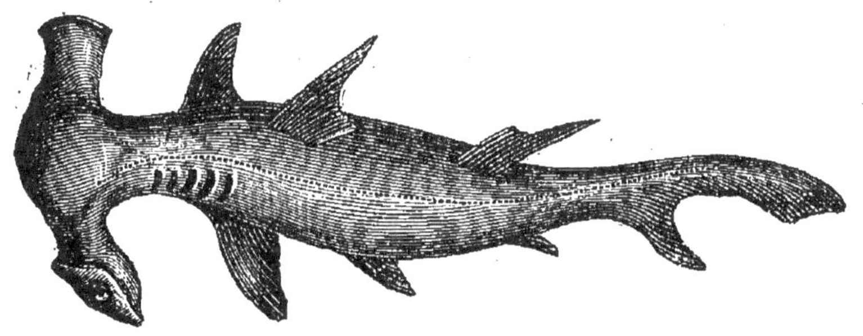

Fig. 114. — Squale-marteau vu de trois quarts du côté du dos.

des hommes et des mammifères endormis et peuvent ainsi déterminer des hémorrhagies mortelles. C'est une façon de s'attaquer à l'homme qui est assez commune dans la gent animale ; en somme, ces chauves-souris ne font que pratiquer en grand les mœurs des sangsues terrestres de Ceylan et de la Cochinchine, qui quittent les buissons pour s'attacher aux jambes des voyageurs, celles des nombreuses espèces de mites qui, même dans nos pays, se fixent souvent sur la peau des chasseurs, des taons qui viennent nous piquer au visage et sont encore moins incommodes que les punaises (fig. 115), les puces (fig. 116), les cousins, les poux, qui nous poursuivent jusque dans nos maisons pour nous tirer quelques gouttes de sang.

Ce sont là des *parasites*. On donne encore ce nom à de singuliers animaux qui ne peuvent vivre que dans nos

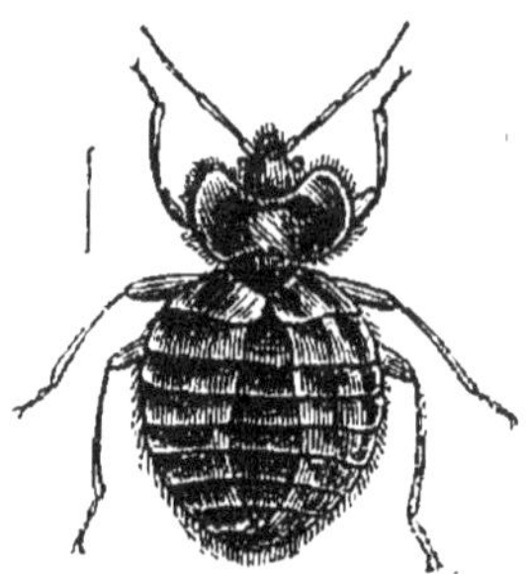

FIG. 115. — Punaise.

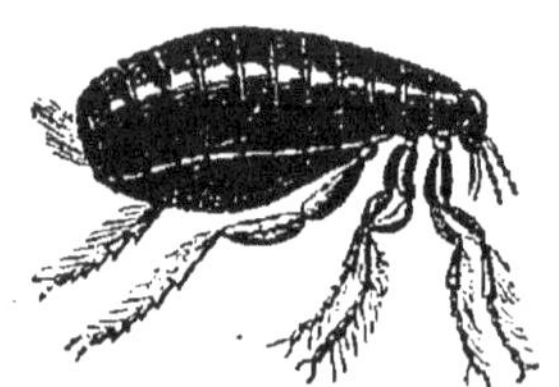

FIG. 116. — Puce.

organes. Telles sont les diverses espèces de *ténias*, improprement appelés *vers solitaires*, que nous prenons en mangeant de la viande saignante de bœuf, de veau ou de porc ; les *trichines* (fig. 117), que nous apporte de même

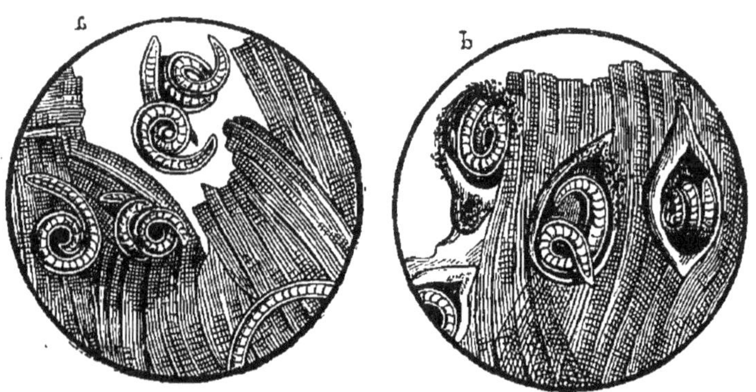

FIG. 117. — Trichines dans l'épaisseur d'un muscle.

la viande de porc, ou les *ascaris* (fig. 152, *a*), qui ont la forme de vers de terre et qui sont très communs chez les enfants, dans certains pays. Malgré leur petite taille, ces parasites produisent quelquefois des désordres mortels.

Une espèce de ver plat qui vit dans le foie du mouton, la *douve*, a fréquemment causé des pertes immenses aux cultivateurs.

D'autres animaux ne sont nos ennemis que parce qu'ils se défendent un peu trop énergiquement contre nous : tels sont les animaux venimeux. En tête de ceux-là se placent les serpents, dont nous avons déjà signalé les méfaits ; trois espèces de vipères (fig. 222), de nos pays, que nous apprendrons bientôt à connaître, peuvent causer par leur morsure la mort de personnes faibles et d'enfants. C'est une erreur de croire que l'alcali soit un contre-poison suffisant contre ces morsures. Pour prévenir leurs effets, il faut serrer aussi fortement que possible, à l'aide d'un lien, le membre blessé, en appliquant le lien du côté du corps, de manière à empêcher le sang empoisonné de remonter vers le cœur, faire saigner la plaie et aspirer au besoin le sang en suçant avec les lèvres, ce qui est sans danger si l'on n'a aucune blessure à la bouche ; enfin, cautériser avec un fer rouge. Il est remarquable que le venin des serpents ne produit d'effet que s'il est mélangé directement au sang ; l'estomac digère tout simplement celui que l'on avale.

Les crapauds, les salamandres, plusieurs rainettes laissent suinter, de diverses parties de leur corps, quand on les inquiète, un suc laiteux ; c'est encore là un venin puissant que certains sauvages recueillent pour en empoisonner leurs flèches ; mais comme les batraciens n'ont aucun moyen d'inoculer ce liquide, il est en somme fort peu dangereux. Ce n'en est pas moins pour eux un moyen efficace de protection ; le goût âcre de la liqueur venimeuse enlève aux carnassiers toute idée de goûter à la chair des animaux qui la produisent.

Après les serpents, les scorpions (fig. 118) passent pour les animaux les plus venimeux ; ceux du midi de la France ne paraissent pas produire d'accidents graves ; mais on n'en saurait dire autant des scorpions des pays chauds. Leur venin est placé dans un aiguillon qui termine leur queue. Les araignées sont toutes venimeuses ; il en est de même des scolopendres : ce sont ces mille-pattes aplatis, qui fuient rapidement quand on les touche ; les mille-pattes cylindriques qui se roulent en spirale lorsqu'ils se croient en danger sont, au contraire, inoffensifs. Les araignées et les scolopendres ne piquent pas, elles mordent. Vous savez tous, au contraire, que c'est à l'aide d'un aiguillon caché à l'extrémité postérieure de

Fig. 118. — Scorpion.

leur corps que les guêpes, les frelons, les bourdons, les abeilles et les insectes analogues inoculent leur venin.

La morsure de quelques insectes est cependant venimeuse : telle est celle de plusieurs punaises, des cousins, de certaines mouches, dont la plus célèbre est la mouche *tsé-tsé* du centre de l'Afrique. Le venin de ce redoutable diptère, inoffensif pour l'homme, est absolument mortel pour les bœufs ; la tsé-tsé est l'un des plus grands obstacles qui s'opposent à l'exploration de l'Afrique centrale.

Enfin, il est des animaux nuisibles surtout parce qu'ils attaquent nos récoltes ou détruisent les produits de notre industrie. En première ligne viennent les criquets voyageurs (fig. 119), sortes de sauterelles qui en Afrique s'abattent par nuées sur les cultures et ne laissent pas

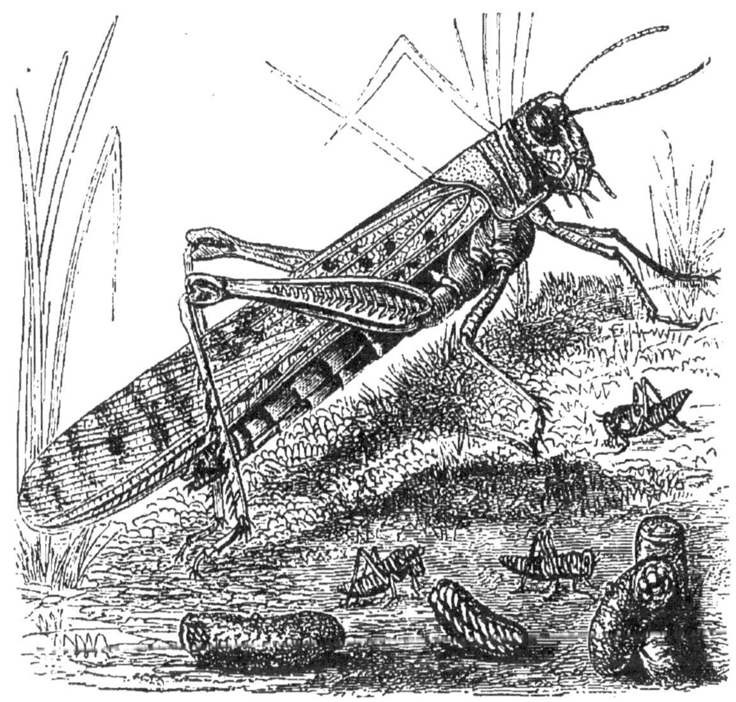

Fig. 119. — Criquet voyageur.

une feuille verte. Une foule d'insectes, et avant tous les autres les *scolytes*, font dans les forêts d'effroyables dégâts en rongeant le bois des arbres. Un petit scarabée bleu, l'*hylésine du pin* (fig. 120), détruit parfois des forêts entières d'arbres verts ; les chenilles, les insectes herbivores s'attaquent aux feuilles ; d'autres, les vers blancs, les courtilières, dévorent ou coupent les racines ; la chenille d'un petit papillon, la pyrale de la vigne, un petit scarabée, l'écrivain ou eumolpe de la vigne, étaient autrefois considérés comme les plus dangereux ennemis de ce précieux végétal, dont ils mangeaient les feuilles; ils sont bien distancés aujourd'hui par le *phylloxéra* (fig. 121), infime puceron tantôt ailé (fig. 121, *e*, *f*), tantôt dépourvu d'ailes (fig. 121, *c*, *d*), qui suce à l'aide d'un bec aigu (fig. 121, *d'*) les racines des ceps et y fait naître des espèces de verrues qui se pourrissent et entraînent la mort de la plante. Des départements entiers ont été ruinés par cet insecte souterrain, que la science attaque aujourd'hui par tous les moyens, et dont elle

Fig. 120. — Hylésine du pin (très grossi).

aura sans doute raison. D'autres pucerons moins dangereux, le puceron laineux par exemple, ont fréquemment menacé les arbres fruitiers.

Ne faut-il pas aussi ranger parmi les animaux nuisibles les vers qui attaquent nos fruits et dont les uns deviennent des mouches, comme celui de la cerise, des papillons, comme celui de la pomme ou comme la teigne du blé, des scarabées, comme les vers des noisettes et des petits pois, ou comme le charançon du blé?

Les termites ou fourmis blanches (fig. 122) sont de bizarres insectes qui vivent en sociétés nombreuses composées de plusieurs sortes d'individus : les mâles qui sont ailés, les femelles dont la taille devient énorme, les ouvriers qui sont privés d'ailes, les soldats dont la tête égale presque le tronc. Dans les pays chauds ils construisent des nids très élevés et suffisamment solides pour soutenir un bœuf; ailleurs, ils s'établissent simplement dans des poutres qu'ils rongent à qui mieux mieux, sans qu'au-

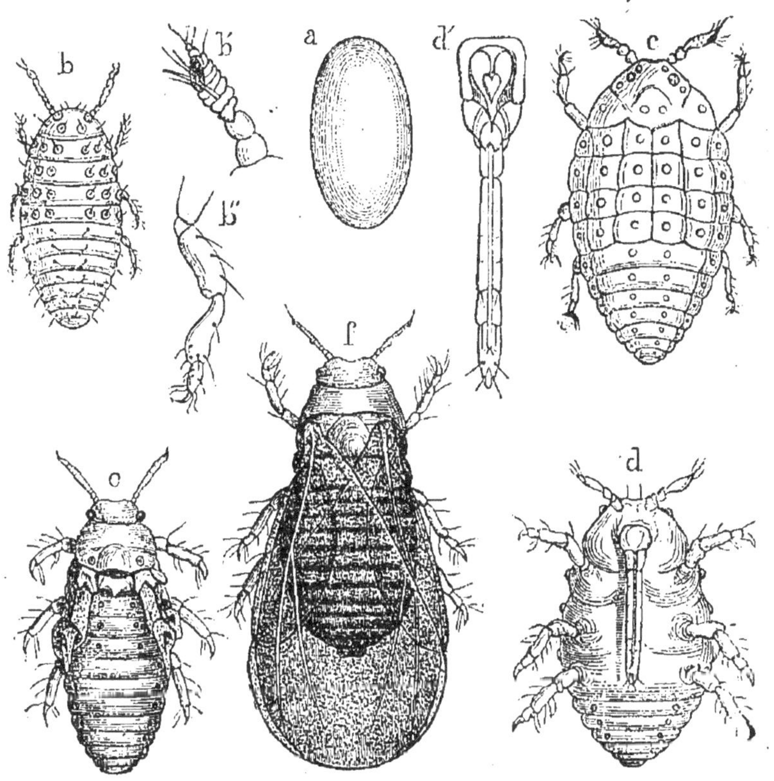

FIG. 121. — Phylloxéra : *a*, son œuf; *b*, *c*, *d*, individus sans ailes vus en dessous ; *e*, *f*, individus ailés ; *b'*, *b''*, pattes ; *d'*, le bec.

cune trace de leurs dégâts paraisse à l'extérieur. Ces vilains animaux ont été transportés en France par des navires; ils ont failli détruire plusieurs édifices des ports de la Rochelle et de Rochefort, sans compter les papiers qui se trouvaient à leur merci.

Des animaux tout à fait mous qui trouvent néanmoins

le moyen de percer les bois submergés, les *tarets* (fig. 123), causent à nos vaisseaux des dommages analogues : ils faillirent, au commencement du siècle dernier, amener

FIG. 122. — Termites sous leurs diverses formes.

l'inondation de la Hollande, en détruisant les digues qui la protègent contre les envahissements de la mer. On se défend contre les taréts en enfonçant des clous dans les bois submergés.

La liste des animaux nuisibles serait encore longue. Parmi les mammifères, les rats et les souris font partout de nombreux ravages ; les mulots, les loirs, les lérots, les écureuils, les lapins sont redoutés des agriculteurs. Les loutres, les visons, les rats d'eau sont le fléau des étangs. Parmi les oiseaux, les buses, les faucons, les milans détruisent une foule de petits oiseaux, de poussins et de jeune gibier. Les escargots, les limaces et les hannetons dévorent nos plantes. Les insectes nous fourniraient un interminable chapitre. Tous ne méritent pas cependant une égale condamnation : beaucoup, tels que les *carabes* (fig. 121), dévorent les insectes plus faibles qu'eux et sont ainsi nos auxiliaires ; d'autres, tels que les *nécrophores* (fig. 122) et les *bousiers*, débarrassent la terre des souillures qui la couvrent ; les premiers enterrent les cadavres des petits animaux après y avoir pondu ; la chair en décomposition servira de nourriture à leur progéniture ; les seconds font disparaître les excréments des grands herbivores. Les coccinelles, bien connues sous le nom de *bêtes-à-bon-Dieu*, de charmants insectes aux ailes transparentes comme la gaze, les *hémerobes*, font pendant leur jeunesse un grand carnage de pucerons. De grands insectes aux formes étranges, communs dans le Midi de la France, les *mantes*, dévorent beaucoup de mouches importunes ; les araignées, malgré leur laideur, en font autant. On a même trouvé

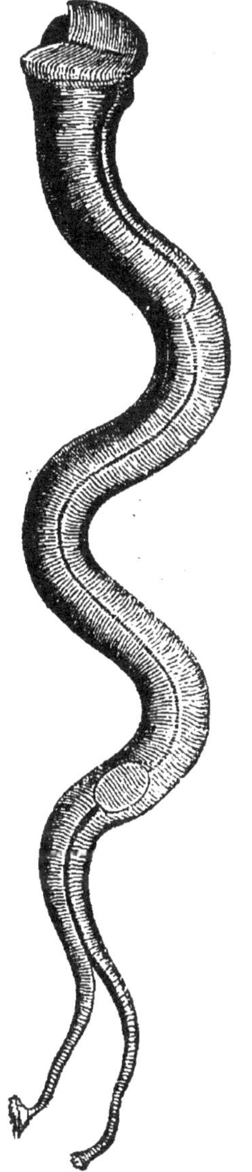

Fig. 123. — Taret.

dans les pays chauds un moyen d'utiliser les sauterelles : on les mange, de même que nous mangeons dans nos pays l'escargot, qui n'est pas plus recommandable. Il est vrai que l'escargot appartient à la catégorie des coquillages dont nous mangeons une foule d'espèces marines. La mer nous fournit d'ailleurs, en dehors des poissons, une foule d'animaux comestibles : les homards, les langoustes, les crevettes, les crabes, les huîtres, les mou-

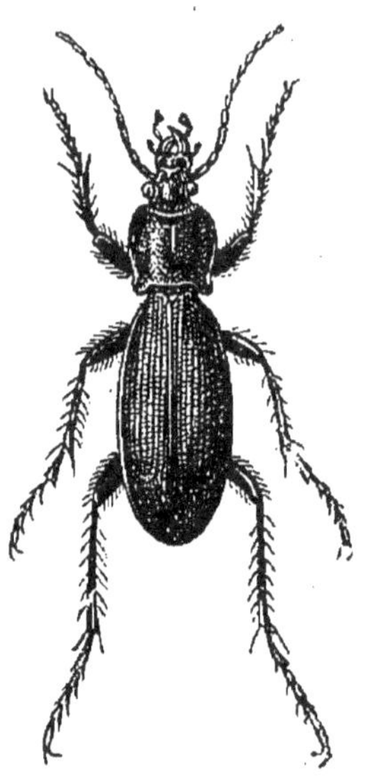

Fig. 124. — Carabe.

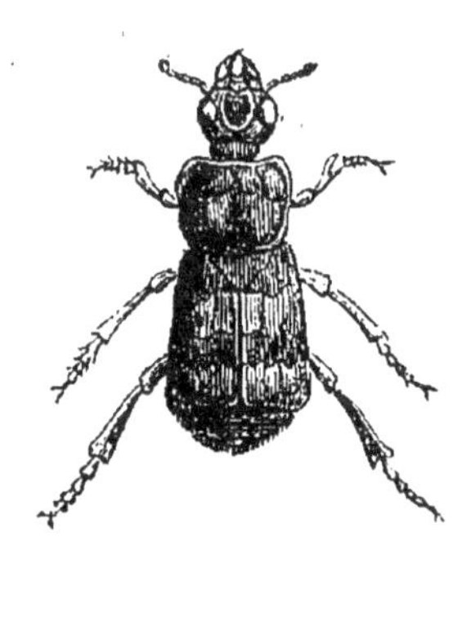

Fig. 125. — Nécrophore.

les, etc.; sur les bords de la Méditerranée, on mange même la plupart des animaux marins et on les vend au marché sous le nom de *fruits de mer* ; mais il nous faudrait ouvrir une liste nouvelle pour les animaux utiles; nous avons déjà parlé et nous reparlerons encore de beaucoup d'entre eux : ce sont, outre nos animaux domestiques, outre ceux qui détruisent les animaux nuisibles, tous ceux que l'on chasse ou que l'on pêche. Vous en dresserez le compte vous-même.

HUITIÈME LEÇON

Les mammifères à leur naissance. — Vous avez tous eu l'occasion de visiter une ferme vers le commencement de décembre : c'est le moment de la naissance des agneaux. Vous avez sans doute passé bien du temps à jouer avec ces gracieuses bêtes, les caressant, les appelant, cherchant à les saisir et n'y réussissant pas toujours. Vous avez demandé l'âge des folâtres fugitifs qui défiaient l'agilité de vos jambes et vous avez peut-être pris pour une plaisanterie la réponse du berger : « Cet agneau, qui galope si bien, mais, monsieur, il est né ce matin. » Il y a là, il faut le reconnaître, de quoi blesser votre orgueil de bon coureur ; mais il en est pourtant bien ainsi. Les petits agneaux viennent au monde très solides sur leurs pattes et sachant admirablement jouer de leurs jarrets. Le long apprentissage de la marche leur est épargné et les jeunes chevreaux, les veaux, les ânons et les poulains partagent avec eux cette bonne fortune.

C'est, je me hâte de le dire, une exception parmi les animaux.

Les petits chiens, les petits chats ne peuvent même pas ouvrir les yeux en naissant ; encore moins savent-ils se tenir sur leurs pattes, et vous vous êtes bien souvent réjoui des mille maladresses, des gracieuses et innombrables gaucheries d'un toutou essayant de faire le grand et de courir tout seul loin du chenil.

Rappelez-vous maintenant les noms que je vous citais tout à l'heure des animaux sachant marcher en naissant : ce sont tous des herbivores. Ceux dont les petits sont essentiellement maladroits sont, au contraire, des carnassiers, et il est tout naturel qu'il en soit ainsi.

Quand un animal carnassier a réussi à saisir une proie, il en a souvent pour plusieurs repas. Il mange la viande saignante, et pour cause ; c'est une nourriture substantielle ; il n'a pas besoin d'en consommer d'énormes quantités. Quelques heures de chasse, et le plus souvent il a le vivre assuré pour deux ou trois jours. D'autre part, il n'a pas grand'chose à redouter pour sa progéniture qu'il sait défendre des griffes et des dents.

L'herbivore vit dans des conditions bien différentes : l'herbe où il doit puiser les matières qui feront sa chair et son sang est peu nourrissante. Il en faut manger beaucoup et parcourir, en conséquence, un espace assez considérable de terrain pour trouver la subsistance de chaque jour. Durant ces courses quotidiennes, l'animal herbivore est sans cesse exposé à devenir la proie du carnassier. Sa seule ressource est le plus souvent la fuite. Comment serait-elle possible, si les petits étaient incapables de suivre la mère ? Les jeunes ne seraient guère en sûreté, d'autre part, si la mère les établissait à demeure en quelque endroit choisi par elle. Ils seraient bien vite découverts par quelque maraudeur en quête de butin, et contre lequel toute défense serait inutile.

L'agilité des jeunes était donc presque nécessaire à la durée des espèces des animaux herbivores.

Il est cependant des animaux beaucoup plus faibles qu'eux, les rats et les souris, par exemple, qui naissent dans les conditions les plus mauvaises, en apparence : non seulement les jeunes ne peuvent courir, mais ils n'ont même pas encore de poils. C'est que ces mammifères ont pour leurs petits d'autres moyens de protection : ils

établissent leur famille dans un trou peu accessible, où
le corps des animaux de leur espèce peut seul passer et
où, par conséquent, la sécurité est complète. Quelques
espèces ont même pour leur progéniture des soins

FIG. 126. — Rat des moissons et son nid.

touchants : le *rat des moissons* sait construire des nids
(fig. 126) qui peuvent rivaliser avec ceux des oiseaux.

Les jeunes des animaux à bourse, des marsupiaux, sont
moins bien développés encore au moment de leur nais-

sance. Ce sont d'informes petites masses de chair; leurs membres sont à peine ébauchés ; leur tête n'a rien de fini ; aucun mouvement ne leur est possible : c'est là la raison d'être de cette poche si singulière que porte la mère, où les petits demeurent enfermés tant qu'ils ne peuvent marcher seuls et où ils viennent se réfugier encore longtemps après avoir acquis l'usage de leurs membres.

Voilà donc de remarquables différences dans l'état que présentent les petits des animaux couverts de poils lorsqu'ils viennent au monde; et vous voyez qu'on pourrait presque conclure de cet état le genre de vie des père et mère. Mais, si ces jeunes animaux présentent à leur naissance des différences frappantes, ils présentent aussi dans la façon dont ils sont nourris de grandes ressemblances.

Tous, en effet, au lieu de partager les repas de leurs parents, sont nourris par leur mère, à l'aide d'un liquide spécial, le *lait*, peu différent d'une espèce à l'autre et qui se produit dans des organes plus ou moins volumineux, uniquement destinés à cet usage, les *mamelles* que possèdent seuls, nous l'avons déjà vu, les animaux couverts de poils, les *mammifères.*

Le lait. — Le lait est un liquide dont la couleur blanc-bleuâtre est souvent prise comme terme de comparaison.

Abandonné à lui-même pendant un ou deux jours, il se couvre d'une couche plus épaisse, de couleur jaunâtre, qui est la *crème.* Cette crème est constituée par les matières grasses qui sont en suspension dans la masse du lait sous forme de petits globules enfermés chacun dans une mince membrane, et qui viennent lentement se rassembler à sa surface. On la recueille avec soin dans les fermes. Quand on en possède une quantité suffisante, on la soumet à une agitation régulière dans des appareils appelés *barattes;* l'enveloppe des petits globules est crevée dans cette opération, la matière grasse se rassemble en une masse compacte qui n'est autre chose que du *beurre.*

Le lait dont on a enlevé la crème se décompose encore, quand on y ajoute du vinaigre ou qu'il aigrit naturellement, en une partie solide, bien différente du beurre, la *caséine*, et en un liquide transparent, jaunâtre, le *sérum* ou *petit lait*, dont la saveur douce révèle la présence dans le lait d'un sucre particulier, qu'on peut isoler en cristaux et qu'on appelle le *sucre de lait*. C'est essentiellement la caséine qui forme la substance du fromage.

La caséine, le beurre, le sucre et l'eau, voilà donc les parties constitutives du lait. Ces matières contiennent tout ce qui est nécessaire pour nourrir l'animal. Aussi le lait peut-il servir d'aliment exclusif non seulement aux jeunes de chaque espèce, mais encore aux adultes d'espèce différente. Les peuples pasteurs ont pour alimentation principale le lait de leurs troupeaux, et l'on conseille souvent aux hommes dont l'estomac est affaibli de faire une *cure de lait*, c'est-à-dire de se nourrir exclusivement de lait pendant quelque temps.

Croissance des mammifères. — Quelquefois les petits des mammifères n'ont qu'à grandir pour ressembler complètement à leurs parents, dont ils paraissent n'être qu'une miniature. Mais souvent ils subissent en grandissant des changements assez importants. Tous, à un certain âge, perdent les dents qu'ils avaient en naissant ou qui leur étaient venues peu de temps après. Ces dents sont remplacées par d'autres plus grandes, plus fortes et ordinairement plus nombreuses : mais il arrive aussi, chez certains carnassiers, que les dents de l'animal adulte sont moins nombreuses que celles du jeune. D'abord mous et flexibles chez tous, les os se consolident et quelques-uns se soudent même entre eux ; chez l'homme ils n'ont acquis toute leur solidité que vers l'âge de 25 ans. Beaucoup de jeunes animaux n'ont pas la même couleur que leurs parents : les lionceaux, par exemple, sont marqués de bandes foncées (fig. 127), comme les tigres. Les défenses des sangliers, des hippopotames, des éléphants n'acquièrent qu'avec l'âge leur redoutable puissance ; enfin, les animaux cornus ne présentent jamais de cornes à leur naissance. Les cornes se développent lentement et n'atteignent leurs proportions que lorsque l'animal est adulte. Chez les cerfs, les daims (fig. 87) et les autres herbivores à cornes rameuses, ces organes tombent tous les ans et renaissent avec quelques rameaux de plus qu'elles n'en possédaient, ou avec une

Fig. 127. — Lionne et lionceaux.

forme un peu différente ; il suit de là qu'on peut pendant un certain temps reconnaître l'âge d'un cerf au nombre des rameaux de ses cornes, rameaux qui portent le nom d'*andouillers*, ou à la forme de l'extrémité de la corne, qui s'appelle la *palmure*.

La durée de la croissance d'un animal varie naturellement beaucoup avec les espèces. Buffon a calculé qu'elle représentait, en général, le tiers de la durée de la vie. Aussi, tandis qu'une souris a acquis toute sa taille en quelques semaines, un éléphant grandit-il encore passé trente ans. On a des raisons de croire que certains poissons et certains reptiles grandissent toute leur vie, et cette vie est de très longue durée.

OEufs et poussins ; croissance des oiseaux ; mue. — Tous les mammifères mettent au monde des petits vivants; tous les oiseaux, au contraire, pondent des œufs.

Vous savez tous que la coquille de ces œufs est remplie par une substance visqueuse limpide, le *blanc* de l'œuf, dans laquelle flotte une boule moins fluide, d'un beau jaune. Videz tout cela dans une assiette et examinez le jaune; vous verrez à sa surface une petite tache ronde, blanchâtre : c'est cette tache qui devient l'oiseau. Le jaune et le blanc ne sont là que pour nourrir le petit animal pendant qu'il se développe.

C'est seulement après que les œufs ont été, durant plusieurs semaines, réchauffés par la mère que le jeune oiseau brise la coquille sous laquelle il s'est lentement formé et apparaît au jour ; mais il réclame encore de la part de ses parents des soins assidus. Le plus souvent, il ne saurait se tenir sur ses jambes ; sa peau est nue ou ne présente qu'un rare et léger duvet; il lui est donc tout aussi impossible de voler que de marcher ; il ne possède aucun moyen de rechercher sa nourriture, et son bec même serait trop faible pour la saisir.

Le jeune oiseau est donc, comme le jeune mammifère, nourri par ses parents, mais ce n'est plus un liquide spécial produit par ces derniers qui sert à son alimentation : des graines convenablement broyées et humectées, des insectes mous, voilà en quoi consiste la *becquée* qu'il reçoit de son père ou de sa mère.

Du reste, cet état de faiblesse et d'impuissance n'est pas commun à tous les oiseaux. De même que les mammifères herbivores naissent déjà très habiles à se servir de leurs jambes, tous nos oiseaux de basse-cour et leurs analogues vivant à l'état sauvage quittent le nid dès leur naissance et se mettent à picorer sous la conduite de leur mère. Rien ne contraste davantage que l'activité du petit poussin (fig. 128) qui vient de naître et l'indolence stupide du jeune pigeon (fig. 129) incapable de faire

Fig. 128. — Poussins venant d'éclore.

autre chose qu'ouvrir le bec pour manger. Des oiseaux australiens, les *mégapodes* et les *talégalles*, sont plus favorisés encore. Ils sortent de l'œuf couverts de plumes et capables de voler. Il est vrai que les oiseaux de ces espèces

Fig. 129. — Pigeon venant d'éclore.

(fig. 130), un peu plus gros que les perdrix, ne couvent pas leurs œufs. Un certain nombre d'entre eux s'associent pour construire avec des feuilles et des herbes un immense tas, haut de 3 mètres et large de 8 ou 9. C'est vers le centre de cette petite montagne que les œufs sont déposés en grand nombre. L'herbe et les feuilles entassés fermentent comme le ferait du foin insuffisamment desséché ; la masse entière s'échauffe par suite de la fermentation et produit une chaleur suffisante pour faire éclore les œufs. Les petits, une fois éclos, se fraient un chemin

Fig. 130. — Talégalle construisant son nid.

dans les herbes amoncelées autour d'eux et font leur éducation tout seuls sans le secours de leurs parents, qui se considèrent sans doute comme quittes envers eux en raison du mal qu'ils se sont donné d'avance.

Les oiseaux ne mettent généralement pas plus d'un an à atteindre leur taille définitive ; ce qui n'empêche pas certains d'entre eux, les corbeaux, les perroquets, les aigles, etc., de vivre cent ans et plus. La plupart sont souvent bien loin d'acquérir d'un coup le brillant plumage que nous admirons dans quelques-uns d'entre eux, et qui est ordinairement le privilège exclusif des mâles.

Le premier plumage des plus beaux oiseaux est presque toujours terne. Le chardonneret, par exemple, manque de l'auréole rouge qui plus tard entourera son bec; la jeune linotte n'a pas les belles plumes pourpre qui ornent le jabot des mâles adultes. Peu d'oiseaux sont aussi luxueusement parés que les faisans mâles ; tous les petits, en naissant, sont uniformément d'un gris sombre tacheté de brun ou de noir, et il en est de même des jeunes paons et de tous les oiseaux voisins.

Les plumes changent de couleur avec l'âge ; mais, de plus, dans nos climats, elles tombent une ou deux fois par an, au printemps et à l'automne, et celles qui repoussent peuvent être plus grandes, plus belles, plus richement colorées que celles qui sont tombées. C'est là ce qu'on appelle la *mue*. Pendant un certain nombre d'années les mâles de quelques espèces deviennent plus beaux après chaque mue; les femelles ne suivent pas toujours cette progression : souvent elles conservent presque sans aucun changement la livrée du jeune âge ; tout le monde sait combien est modeste le plumage de la paonne ou celui des poules faisanes, comparativement à la somptueuse parure de leurs mâles respectifs.

La crête et les éperons des coqs et de quelques autres oiseaux, les caroncules des dindons ne se développent aussi qu'avec l'âge : les aptitudes musicales des oiseaux chanteurs ne se manifestent guère qu'au commencement de leur seconde année.

Tous ces changements sont, en définitive, de peu d'importance. Les oiseaux, comme les mammifères, peuvent prendre avec l'âge quelques couleurs, quelques ornements qu'ils n'avaient pas tout d'abord ; mais, en somme, rien ou presque rien ne change dans leur structure : ils possèdent en naissant tous leurs membres, tous leurs organes avec une forme très voisine de celle qu'ils garderont toujours. Tout cela se consolide, grandit comme le corps entier, mais ne subit pas d'autre altération.

Les lézards, les tortues, les serpents n'éprouvent aussi que peu de changements après leur sortie de l'œuf; mais il n'en est plus ainsi des batraciens : la grenouille, le crapaud, la salamandre. C'est là une observation qu'il est facile de faire tous les jours.

Métamorphoses des grenouilles. — Les moindres flaques d'eau contiennent parfois, par centaines, de petits animaux que vous vous êtes sans doute plus d'une fois amusés à taquiner du bout d'un bâton et qu'on a parfaitement nommés des *têtards* (fig. 113, *c*). On dirait, en effet, qu'ils ne sont formés que d'une grosse tête presque ronde et d'une queue aplatie avec laquelle ils nagent, d'ailleurs assez lourdement. La tête est, en réalité, le corps tout entier. Si vous déchiriez délicatement la membrane ténue qui forme sa face intérieure, vous verriez apparaître au-dessous un intestin enroulé en spirale parfaitement régulière, organe qui ne se trouve jamais dans la tête : chez le têtard, la tête et le corps sont donc confondus ; mais ce que nous faisons là est presque de l'anatomie. Revenons à notre animal, et commençons par en faire une ample provision dans des bocaux ; prenons seulement la précaution de les isoler par rang de taille et de garnir les bocaux d'une quantité suffisante d'herbes aquatiques. Examinons maintenant à loisir nos jeunes captifs. Vous allez leur reconnaître facilement deux yeux, entourés, comme ceux de la grenouille, d'un cercle doré ; puis une bouche située sur la face inférieure du corps, entourée d'assez longues lèvres, dans lesquelles il est facile de constater la présence de petits arcs solides, qui permettent à l'animal de saisir solidement de menus objets. Le têtard, fort vorace, est incessamment occupé à faire mouvoir ses lèvres ; il broute sans relâche les herbes aquatiques ; il respectera d'ailleurs complètement tous les petits animaux que vous lui donnerez pour compagnons; il est donc essentiellement herbivore.

Regardez d'un peu près les plus jeunes que vous pourrez recueillir : vous distinguerez sans peine, de chaque côté de

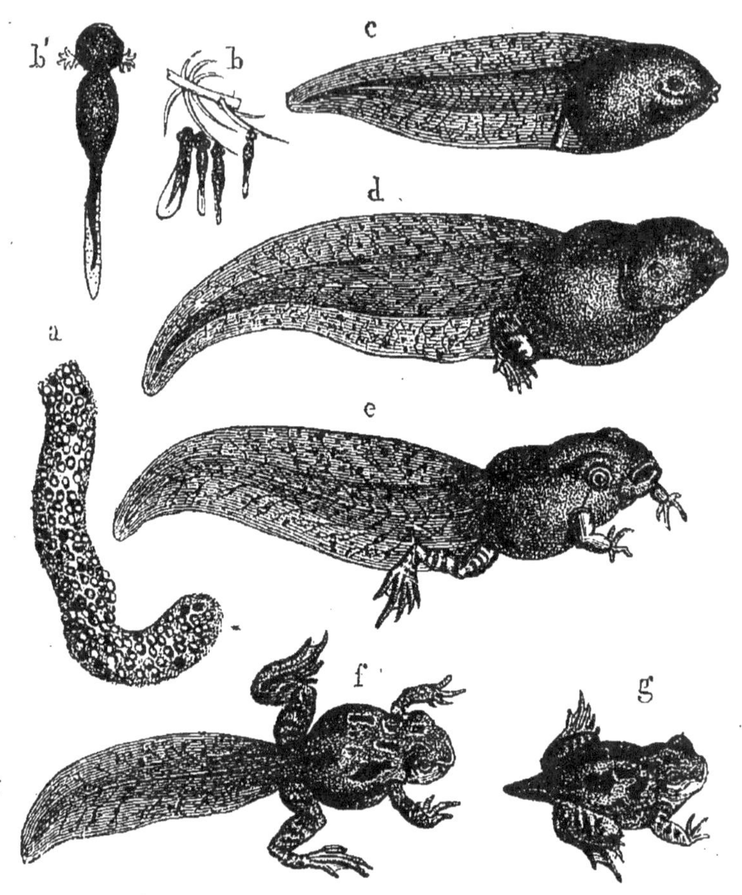

FIG. 131. — Métamorphose du crapaud.

leur tête, une petite houppe membraneuse, semblable à une végétation délicate, qui se serait produite sur la peau de l'animal (fig. 131, b'). Cette végétation fait bien réellement partie du têtard; c'est même un organe de première importance : l'organe de la respiration, et pendant la première partie de sa vie le têtard n'en a pas d'autre. Aussi le voyez-vous à intervalles réguliers épanouir et contracter ces petits buissons vivants, qui ne sont autre chose que des branchies, comparables à celles de certains poissons.

Le têtard ne peut respirer qu'à l'aide de ses branchies; celles-ci, n'étant en aucune façon protégées contre le danger de se dessécher, ne peuvent fonctionner que dans l'eau. Le têtard est donc, à sa naissance, un animal essentiellement aquatique, ne pouvant respirer que l'air extrait de l'eau par ses branchies; c'est un vrai poisson.

Laissez-le vieillir de quelques jours, sans cesser de l'observer de temps en temps; bientôt vous allez le voir venir périodiquement à la surface de l'eau, y abandonner une bulle d'air et replonger aussitôt. Le jeune animal expire donc maintenant de l'air par la bouche; mais s'il en expire, il doit en aspirer aussi. De fait, les branchies extérieures ont disparu: des poumons ont commencé à se développer à l'intérieur.

Poursuivez encore vos observations, vous allez voir apparaître, au point où commence la queue, deux petits moignons. Ces moignons grandissent, se divisent en trois parties mobiles l'une sur l'autre, en même temps que des doigts se forment à leur extrémité libre; en quelques jours, ce sont de véritables pattes, les pattes postérieures de la grenouille ou du crapaud (fig. 131).

A peine ces pattes sont-elles formées que deux autres moignons apparaissent, cette fois en avant du corps, un peu en arrière des yeux; ces nouveaux venus subissent les mêmes changements que les précédents; ils deviennent peu à peu les pattes antérieures.

Le têtard d'une salamandre n'aurait plus maintenant qu'à grandir pour devenir une salamandre adulte. Celui des grenouilles et des crapauds subit encore une autre modification: sa queue, d'abord comprimée, bordée d'une large membrane flottante, se raccornit; la membrane qui l'entourait disparaît; la queue elle-même n'est bientôt plus qu'un appendice conique, qui semble se fondre peu à peu et dont il ne reste finalement aucune trace ; en même temps, le contour de la partie antérieure de l'animal prend sa forme définitive et le batracien est prêt à sortir de l'eau, à sauter sur ses pattes ou à s'en servir comme de rames.

Maintenant vous ne le voyez plus ronger avidement les herbes aquatiques ; mais il s'élance sur tous les petits insectes qui viennent à sa portée et n'en fait qu'une bouchée. En passant à l'état de grenouille, le têtard, primitivement herbivore, est devenu carnivore.

Il est évident que ce n'est pas seulement l'extérieur de l'animal qui s'est ainsi transformé ; les organes internes ont aussi subi des transformations profondes. On donne le nom de *métamorphoses* à cet ensemble merveilleux de modifications qui marquent le développement d'un crapaud, d'une grenouille, d'une salamandre. Ces métamorphoses nous font assister à la transformation d'un poisson en un quadrupède, d'un être organisé pour respirer dans l'eau en un être organisé pour respirer l'air en nature, d'un animal herbivore en un animal carnivore. Peut-on rêver changement plus complet ?

Eh bien, tous ces changements, certaines rainettes de la Martinique, habitant des régions où l'eau est rare ou manque totalement, les subissent dans l'œuf. Elles n'apparaissent jamais hors de leur coque que munies de leur quatre pattes et dépourvues de queue. Elles sont en avance sur les autres batraciens, comme les poussins sont en avance sur les pigeons, les mammifères herbivores sur les mammifères carnivores.

Inversement, on peut, en empêchant des têtards de venir à la surface de l'eau, retarder considérablement leur métamorphose. On en a vu atteindre presque le poids d'une grenouille avant d'acquérir des pattes. Il n'est pas rare de rencontrer des salamandres à peu près adultes qui ont encore de grandes branchies. Les axolotls, qui habitent les grands lacs du Mexique et qu'on réussit à élever en France avec la plus grande facilité, les protées aveugles des lacs souterrains de la Carniole, sont des salamandres qui d'ordinaire gardent leurs branchies toute leur vie et peuvent ainsi se dispenser de venir respirer à l'air libre. On les appelle, pour cette raison, des *batraciens pérennibranches*, c'est-à-dire des batraciens à branchies permanentes.

Métamorphoses du hanneton, du ver à soie, de la mouche, etc. —·Des exemples de métamorphoses aussi

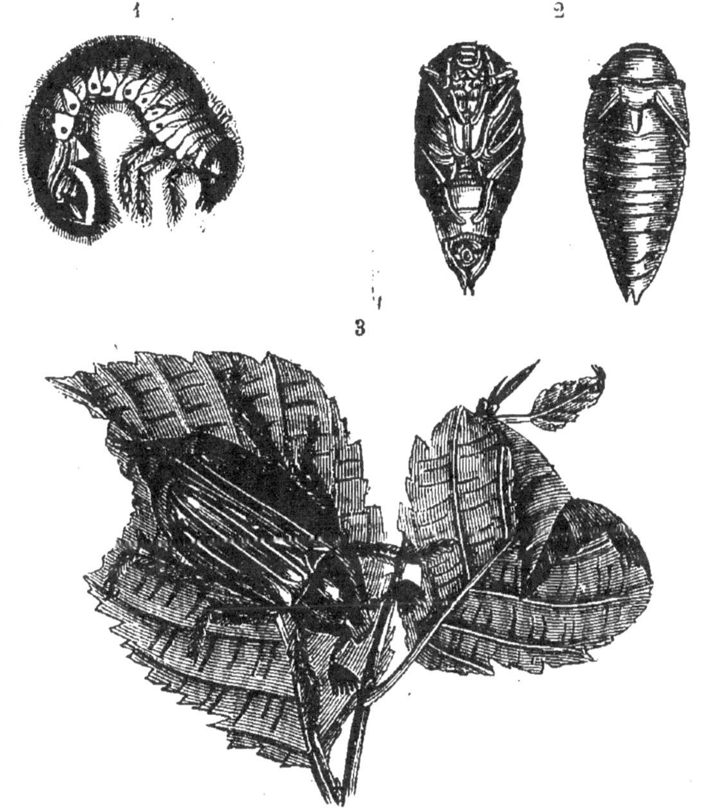

FIG. 132. — Métamorphoses du hanneton : 1, ver blanc ou larve ; 2, nymphes ; 3, insecte parfait.

complètes que celles des grenouilles sont loin d'être rares dans le règne animal. Il y a dans la mer une foule d'êtres inférieurs qui n'arrivent à leur état définitif qu'après avoir subi les plus singulières transformations; mais il n'est pas nécessaire d'aller si loin pour se donner l'attrayant spectacle des changements féeriques que présentent certains animaux.

Le hanneton, que vous connaissez trop bien pour que je vous décrive ses six pattes, ses cornes qui s'ouvrent en éventail, ses deux paires d'ailes de forme, de consistance et de longueur différente, le hanneton a été pendant les trois ans qu'à duré son enfance un modeste *ver blanc* (fig. 132, n° 1), rongeant tranquillement sous terre les racines de nos légumes; le papillon, si agile, si remuant, si plein de vivacité et de grâce, si dédaigneux de toute nourriture autre que le nectar des fleurs, a commencé par dévorer les feuilles, sous la forme peu attrayante d'une vulgaire chenille; la libellule, que vous appelez souvent, je ne sais trop pourquoi, *demoiselle*, était, pendant son enfance, dépourvue d'ailes et vivait dans l'eau (fig. 133); l'abeille, qui a quatre ailes, la mouche, qui n'en a que deux, ont passé un temps assez long à l'état de simple ver.

Il en est de même de la plupart des animaux qui leur ressemblent et que les naturalistes, comme tout le monde, désignent sous le nom d'*insectes*.

Arrêtons-nous un instant sur ces métamorphoses. Elles présentent quelques particularités intéressantes que ne nous ont pas offertes les métamorphoses des grenouilles. Les sujets d'observation ne manquent pas : chacun de vous pourra en recueillir autant qu'il voudra. Nous choisirons d'abord le ver à soie.

Le ver à soie est tout simplement la chenille d'un papillon de nuit, fort peu élégant, le bombyx du mûrier. Au commencement du printemps il abandonne l'œuf couleur gris de perle, gros comme un petit grain de millet, dans lequel il s'est formé à la fin de l'hiver. C'est alors un être bien délicat (fig. 134, n° 1), un petit ver mince, ayant à peine 3 millimètres de long, au corps noir et tout couvert de poils. Il mange aussitôt après sa naissance et

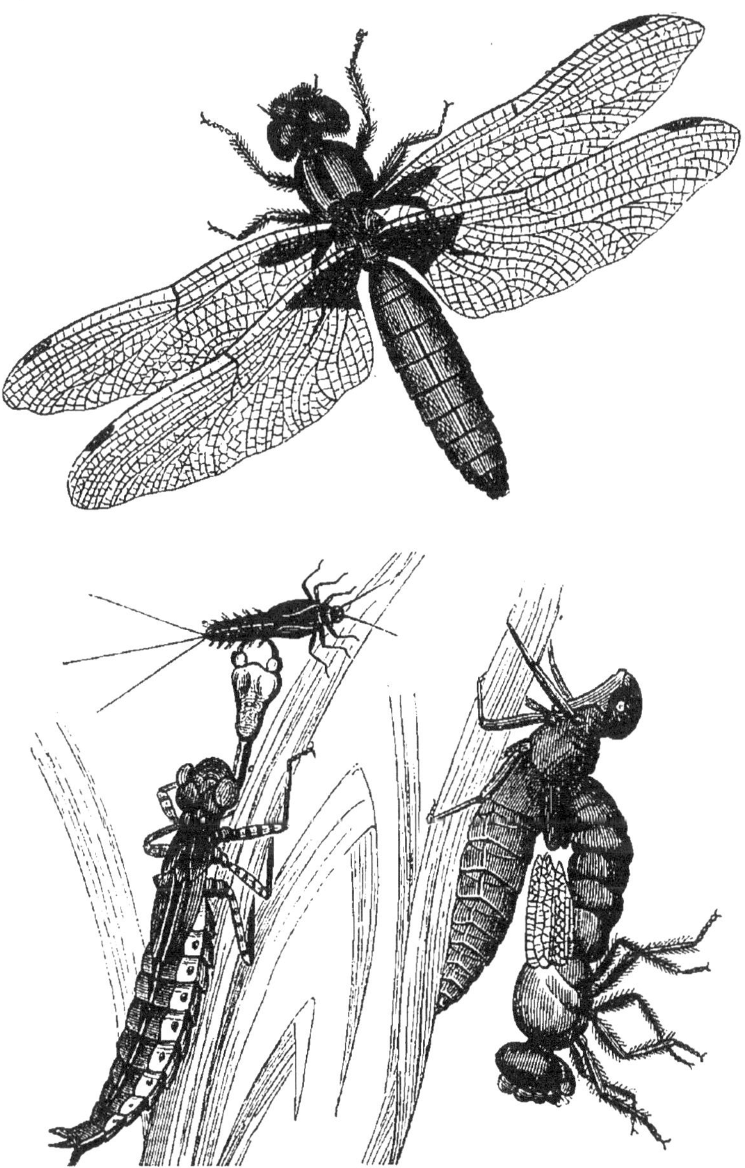

FIG. 133. — Métamorphoses de la libellule.

choisit, bien entendu, les plus tendres feuilles du mûrier

Vers le cinquième jour, le jeune animal cesse de manger, demeure quelques heures immobile, puis sa peau se fend sur le dos; peu à peu le ver se débarrasse de cette enveloppe, l'abandonne complètement et apparaît au dehors vêtu d'une peau nouvelle et presque sans poil. Il est d'abord d'un gris clair mais passe graduellement au blanc jaunâtre (fig. 134, n° 2). Le ver a donc changé de peau; on dit qu'il a fait sa première *mue*. De la naissance à

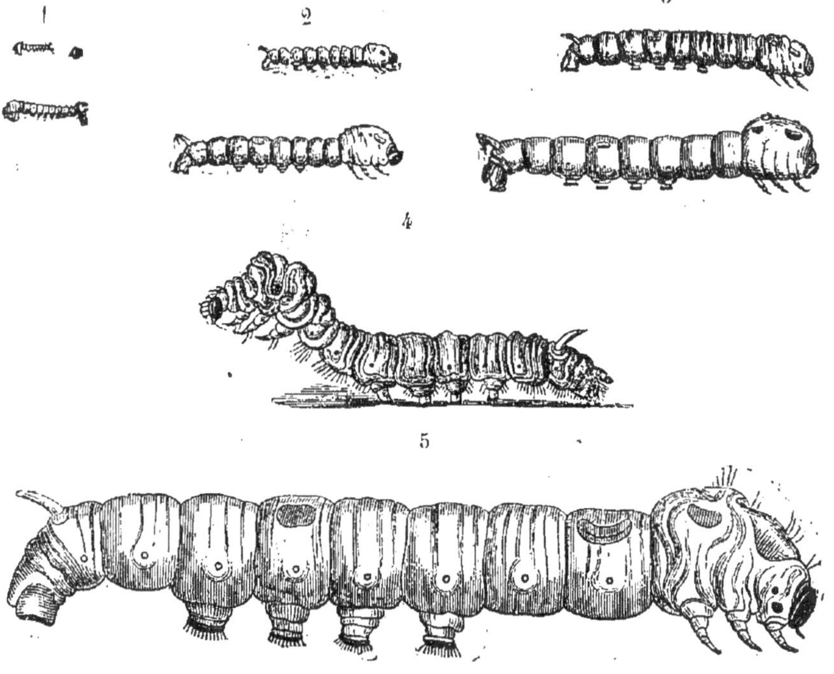

FIG. 134. — Croissance du ver à soie.

la première mue, la taille du ver a à peu près doublé. Cinq jours après la première mue en survient une seconde; puis deux autres, à six jours d'intervalle; enfin, après la quatrième mue, le ver, grandissant toujours, a atteint ce qu'on appelle son cinquième âge (fig. 134, n° 4) Il est alors d'une voracité extrême et ne cesse un seul instant de manger. Ce cinquième âge dure neuf jours.

Vers le huitième jour, le ver ne mange plus; il jaunit,

devient presque transparent et parcourt la case où on le

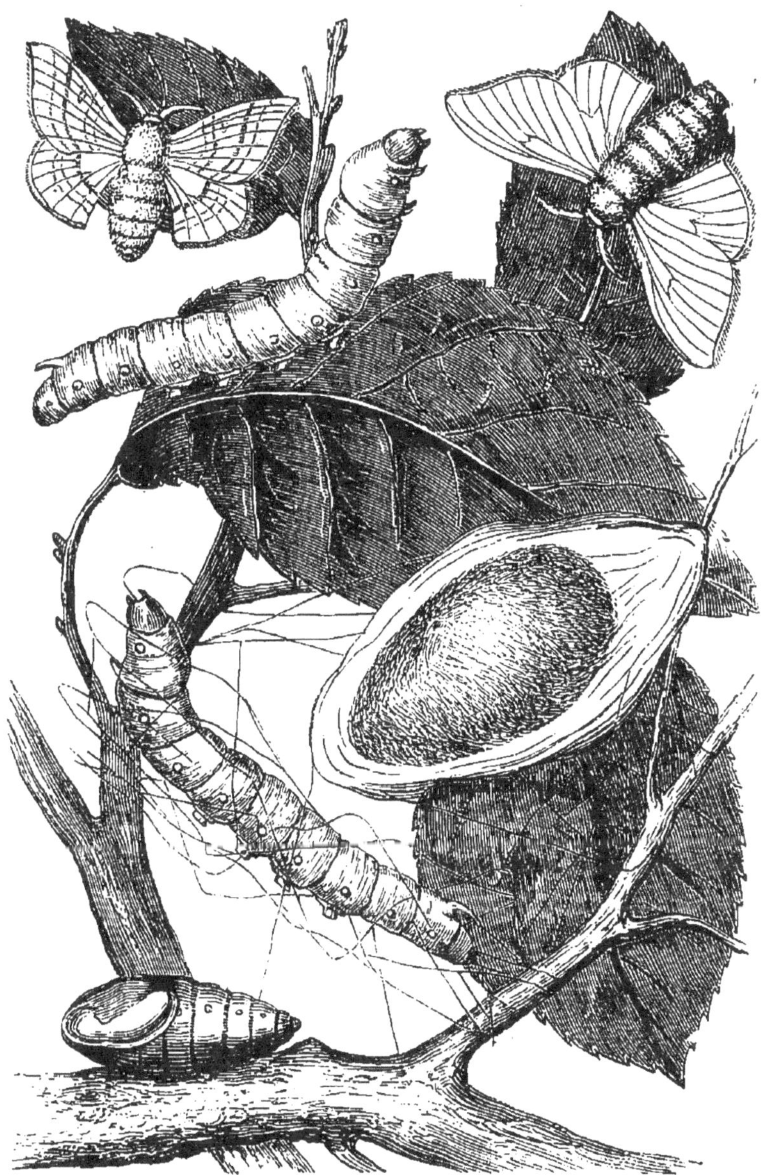

FIG. 135. — Métamorphoses du ver à soie.

tient enfermé avec une visible inquiétude. Offrez-lui un

rameau de bruyère : il y grimpe bientôt, choisit une place, et vous le voyez alors s'entourer de fils de soie qu'il fixe aux petites branches du rameau. D'abord ces fils sont disposés irrégulièrement et ne forment qu'un tissu des plus lâches; mais bientôt les mailles se resserrent, les couches se superposent, et l'animal se trouve rapidement enfermé dans un cocon de soie (fig. 135) ayant la grosseur d'un gland de chêne et qui le dérobe complètement aux yeux.

Au bout de quelques jours, ouvrons le cocon. Du ver, il n'y a plus que la peau : l'animal primitif est remplacé par un être allongé, sans pattes, de couleur brune, arrondi en avant, pointu en arrière et dont tous les mouvements consistent à agiter quand on le touche sa partie postérieure. Il est évident qu'a eu lieu une cinquième mue dans le cocon et que le corps brun dont nous venons de parler n'est que le ver qui a pris sous sa peau, avant de la rejeter, une physionomie nouvelle. Cette dernière forme du ver à soie, qui lui est commune, à quelques modifications près, avec tous les autres papillons, porte le nom de *chrysalide*.

Si vous n'aviez pas ouvert le cocon, il vous aurait paru parfaitement immobile pendant une période de quinze à dix-sept jours; mais au bout de ce temps vous l'auriez vu se ramollir graduellement à l'un de ses pôles, se percer d'un trou et livrer enfin passage à un papillon, le Bombyx (fig. 135).

Le cocon ouvert après l'éclosion contient, outre la dernière peau du ver à soie, la peau de la chrysalide fendue sur le dos, et ayant du reste conservé sa forme. C'est donc encore par une sixième mue que le papillon sort de la chrysalide.

Dans l'intervalle de deux mues consécutives, le corps de l'insecte a grossi considérablement; au moment où la mue vient de s'effectuer, il grossit encore brusquement, comme si l'ancienne peau s'opposait à tout nouvel accroissement de dimensions. Les deux dernières mues

sont accompagnées d'un changement complet dans la
forme de l'animal, changement qui se fait sous la peau
sans qu'on puisse le soupçonner au dehors. C'est ce changement qui caractérise les métamorphoses de l'insecte,
métamorphoses qui portent non-seulement sur la forme
extérieure, mais sur la totalité des organes internes.

Toutes les chenilles éprouvent des mues, deviennent
chrysalides, puis papillons; seulement, il n'y a guère
que les chenilles des papillons de nuit qui se construisent un cocon. Celles des papillons crépusculaires ou
sphinx (fig. 43) s'enterrent et se bornent à tapisser d'une

Fig. 136. — Vanesse grande tortue.

soie grossière le trou dans lequel elles subiront leurs
transformations; celles des papillons de jour se suspen-
dent par la queue, la tête en bas (fig. 137), ou, se fixant
également par la queue, se passent vers le milieu du corps
une sorte de ceinture soyeuse (fig. 139) qui les maintient
verticales, la tête en haut : leurs chrysalides sont angu-
leuses et souvent ornées de brillantes taches métalliques;
il n'est pas rare d'en rencontrer sous les rebords des
murs exposés au soleil.

D'ailleurs, la plupart des insectes présentent trois états
successifs comparables à celui de la chenille, de la chry-

salide et du papillon ; dans leur jeunesse, ils n'ont pas

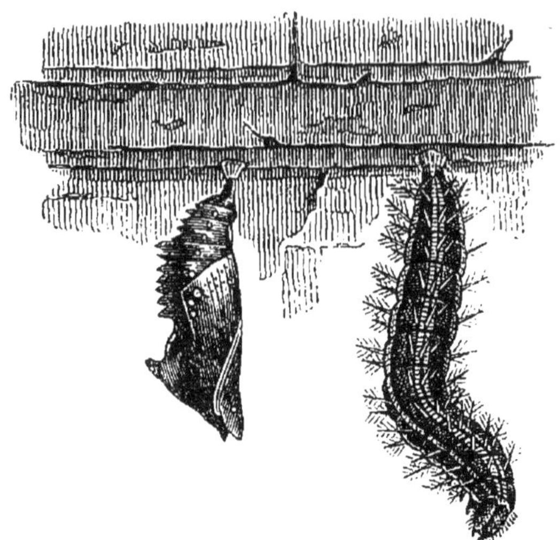

Fig. 137. — Chenille et chrysalide de vanesse grande tortue.

Fig. 138. — Papillon machaon.

d'ailes et ressemblent à des vers mous ou protégés par

une carapace plus ou moins solide ; on appelle ces vers
des *larves*. Le *ver blanc* est la larve du hanneton ; la
chenille est la larve du papillon ;
les vers que l'on trouve dans les
fruits sont les larves de mouches
diverses ou d'autres petits insectes ;
la *teigne*, qui perce les draps, les
tapisseries, les étoffes de laine, est
la larve ou chenille du petit papillon blanc si abondant dans
toutes les maisons vers la fin de
l'été. Les *asticots* ou vers de la
viande sont les larves de la grosse
mouche bleue que vous connaissez
tous.

A l'état de larve, les insectes
sont tous d'une voracité extrême ;
c'est la période pendant laquelle
ils grandissent et font provision
pour la période suivante, la période de *nymphe*, durant laquelle
ils demeureront presque toujours
immobiles et ne prendront aucune
nourriture.

Tandis que la larve ne ressemble souvent en rien à l'insecte
définitif, il est ordinairement possible de reconnaître les cornes, les

Fig. 139. — Chenille
et chrysalide de pa-
pillon machaon.

pattes et les ailes de ce dernier sous la peau dure et résistante de la nymphe. Dans une chrysalide (fig. 142),
vous distinguerez même la longue trompe du papillon étendue sous le ventre. Mais tous les membres
de l'animal sont engagés chacun dans un étui corné d'où
il faudra sortir plus tard. Aussi est-ce un travail pénible
que celui du passage d'un insecte à l'état parfait ; plus
d'un meurt à la peine.

Parvenu à son dernier état, l'insecte change souvent

tout à fait de régime, à la façon de la grenouille. Les chenilles mangeaient des feuilles, le papillon hume le liquide sucré qui se forme au fond de la corolle des fleurs ; la larve du hanneton vit de racines ; celle du cerf-

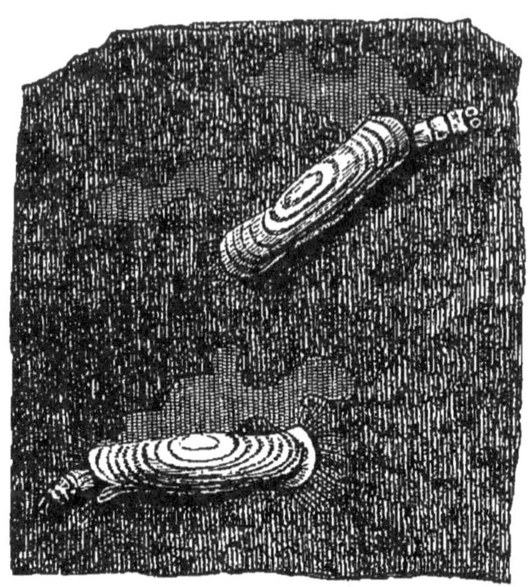

FIG. 140. — Chenilles de teignes enfermées dans leur fourrure et rongeant une étoffe.

volant s'abrite dans le cœur des chênes, dont elle ronge le bois ; celle de la cantharide se nourrit surtout

FIG. 141. — Teigne des tapisseries.

de miel ; tous ces insectes, à l'état parfait, vivent de feuilles ; la larve d'un gros insecte aquatique, bien connu de tout le monde, l'*hydrophile brun* (fig. 143), est extrêmement carnassière et dévore même de jeunes poissons ; l'hydrophile adulte ne mange que des herbes aquatiques.

Vous voyez que, chez les insectes, ce n'est pas seulement la forme et la peau qui changent ; l'animal rompt aussi avec ses instincts, ses mœurs, ses habitudes : il fait vraiment *peau neuve* au physique et au moral.

Aussi a-t-on été bien longtemps à s'expliquer des choses qui nous paraissent aujourd'hui tout à fait simples. On voyait, par exemple, des vers apparaître sur de la viande exposée à l'air : on ne pouvait s'imaginer

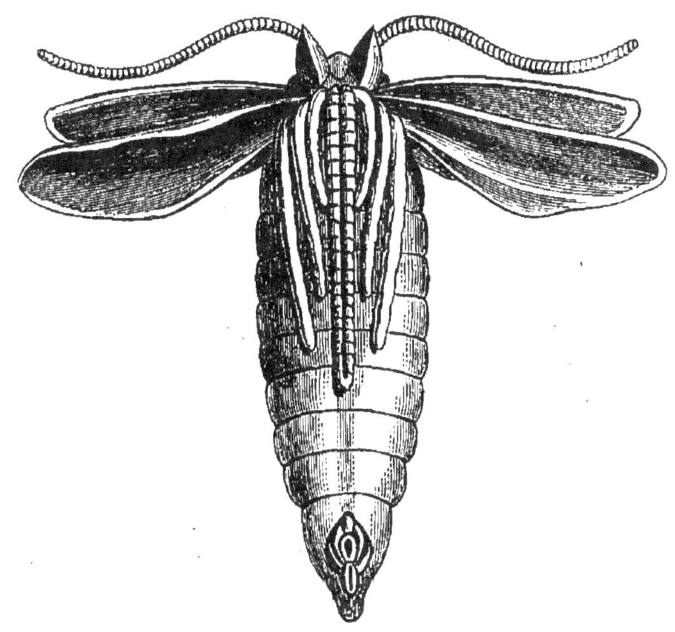

Fig. 142. — Chrysalide de grande tortue, dont on a étalé les antennes et les ailes et montrant la trompe et les pattes accolées au corps.

que les œufs, d'où ces vers sortaient étaient pondus par une mouche, et l'on prétendait que la viande elle-même, en pourrissant, s'animait et se changeait en vers.

Il suffit, pour préserver des vers la viande que l'on veut garder, de la recouvrir d'une toile métallique ou de toute autre enveloppe qui empêche les mouches d'aller jusqu'à elle. C'est là une précaution bien simple : elle ne

fut cependant indiquée pour la première fois qu'au dix-
septième siècle par un naturaliste italien nommé Redi.

Beaucoup de gens n'en persistent pas moins à croire
que la chair ou l'herbe qui se décomposent peuvent engendrer, soit des moisissures, soit des vers, soit des

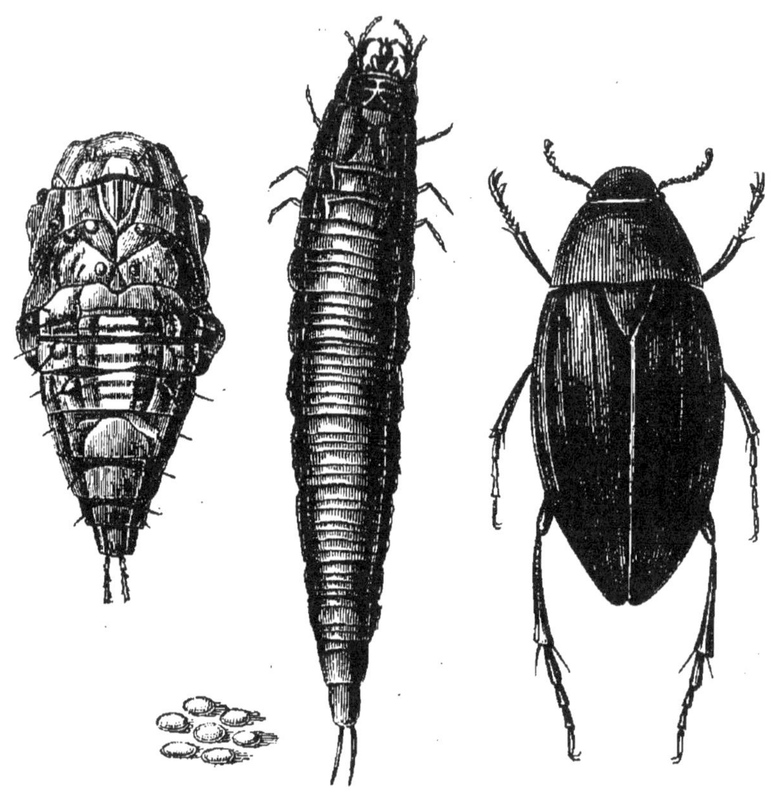

FIG. 143. — Métamorphoses de l'hydrophile brun.

mouches, soit même de plus gros animaux. C'est là une
grave erreur. Ce qui est mort ne revient à la vie qu'en
servant de nourriture à un être vivant. Tout animal, tout
végétal, si petit qu'il soit, a eu des parents semblables à
lui.

NEUVIÈME LEÇON

Animaux ayant des os ou des arêtes. Squelette. —
Nous connaissons déjà un certain nombre de différences entre les animaux, et vous ne seriez sans doute
pas bien embarrassés pour dire en quoi un mammifère
diffère d'un oiseau, en quoi un oiseau diffère d'un reptile, un reptile d'un batracien, un batracien d'un
poisson.

Vous savez qu'un poisson vit dans l'eau, ne respire
que l'air dissous dans l'eau, et a le corps couvert
d'écailles; qu'un batracien à l'état adulte possède en
général quatre pattes, respire l'air en nature et que sa
peau, nue et humide, est dépourvue de tout appareil pro-
tecteur. Les reptiles marchent sur quatre pattes ; leur
peau a une apparence écailleuse, mais ces écailles ne sont
pas du tout de même nature que celles des poissons. Les
oiseaux n'ont que deux pattes et deux ailes ; leur corps
est couvert de plumes. Enfin, les mammifères possèdent en
général quatre pattes et leur peau porte le plus souvent
des poils ; mais ce qui les distingue surtout des animaux
que nous venons d'énumérer, c'est que leurs petits naissent vivants, au lieu de demeurer plus ou moins longtemps enfermés dans la coque d'un œuf : ces petits sont
nourris par leur mère, à l'aide d'un liquide, le *lait*, produit par des glandes qu'on appelle *mamelles*.

Voilà pour les différences.

Mais entre les poissons, les amphibies, les reptiles,
les oiseaux et les mammifères, il va nous être facile de

trouver de remarquables ressemblances. Quand vous avez mangé du poisson, vous avez été gêné par les *arêtes* ; vous savez qu'il y en a de très fines, comme celles des sardines ou des merlans ; de plus volumineuses, comme celles des carpes. Suivez avec attention les arêtes ; vous verrez qu'elles viennent toutes s'attacher directement ou par l'intermédiaire d'autres os, les *côtes*, à une série de petits os, à peu près tous semblables entre eux et formant une sorte de colonne qui s'étend depuis la tête jusqu'à la queue. Ces petits os s'appellent des *vertèbres*, et la colonne qu'ils forment est la *colonne vertébrale*.

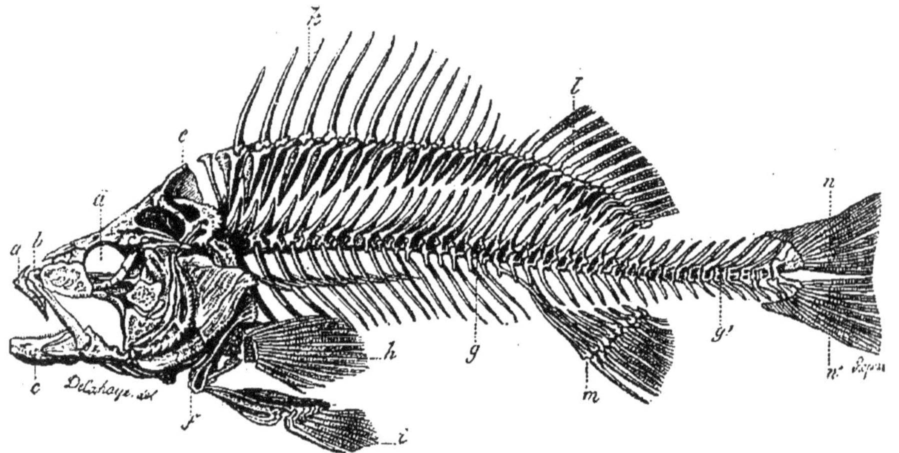

FIG. 144. — Squelette de poisson (perche).

Ils sont mobiles les uns sur les autres ; aussi la colonne vertébrale est-elle d'une grande flexibilité et permet-elle à l'animal les mouvements tour à tour brusques ou onduleux, rapides ou gracieux que nous nous plaisons à admirer chez les poissons.

La colonne vertébrale, les arêtes et les côtes qu'elle porte, les parties solides qui protègent la tête, les rayons qui consolident les nageoires, les os qui les supportent constituent ce qu'on appelle le *squelette* des poissons (fig. 144). C'est lui qui soutient la chair et les autres parties molles ; c'est sur lui qu'elles se fixent, de manière à ne pas se gêner mutuellement et c'est encore lui qui les met à l'abri des chocs violents.

Examinez maintenant une grenouille, un lézard, un poulet, un lapin ; vous savez tous que la chair de ces divers animaux est fixée à des os ; vous savez tous quelle adresse il faut avoir pour découper un poulet ; partout où le

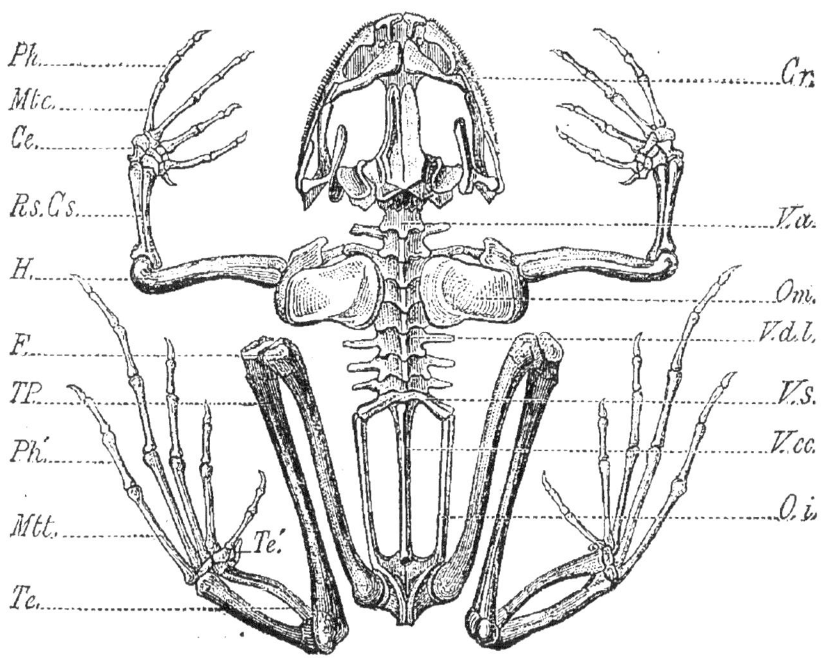

Fig. 145. — Squelette de grenouille.

couteau enfonce, il trouve des os et, si vous faites effort pour passer outre, le couteau s'ébrèche ; mais l'os ne cède pas. Ce n'est qu'après s'être fréquemment exercé qu'on arrive à trouver la jointure dans laquelle la lame pourra pénétrer sans peine et couper les parties moins résistantes qui maintiennent les os unis entre eux.

Ceci vous prouve que les os du poulet sont tous intimement unis et, en effet, quand on a soigneusement enlevé les chairs et les membres, ils forment un ensemble que vous connaissez bien sous son nom vulgaire de *carcasse* et qui reproduit grossièrement la forme même de l'oiseau. Cette carcasse, unie aux os des membres, est aussi un *squelette* et, si vous y regardez de près, vous reconnaîtrez encore que tous les os qui la composent viennent s'attacher à des os formant une série semblable à celle qui supporte les côtes et les arêtes des poissons (fig. 22). Ces os sont des vertèbres et les oiseaux comme les poissons ont, par conséquent, une colonne vertébrale ; seulement, cette colonne vertébrale, très mobile dans la région du cou, l'est aussi peu que possible dans la région du dos. Toutes les vertèbres y sont soudées, afin de fournir un solide point d'attache aux parties molles, aux muscles, qui font mouvoir les ailes.

Mais ce n'est là qu'une exception, particulière aux oiseaux, et il existe chez les grenouilles (fig. 145), chez les lézards, chez les lapins des vertèbres aussi libres, une colonne vertébrale aussi souple que celle des poissons. La grenouille est un batracien, le lézard un reptile, le lapin un mammifère : vous retrouverez tout aussi bien des vertèbres, une colonne vertébrale et un squelette complet chez les autres batraciens, chez les autres reptiles, chez les autres mammifères ; voilà donc un trait d'organisation par lequel tous ces animaux se ressemblent et par lequel ils ressemblent encore aux poissons et aux oiseaux. Aussi dit-on qu'ils sont tous ensemble des *animaux vertébrés*, ou simplement des *vertébrés*.

Principe des classifications. — Quand un grand nombre d'animaux présentent ainsi un caractère commun, on les considère comme appartenant à une même division du règne animal. Ces divisions portent des noms particuliers. De même qu'un *corps d'armée* se décompose en *divisions*, la division en *brigades*, la brigade en *régiments*, le régiment en *bataillons*, le bataillon en *compagnies*, la compagnie en *escouades*, l'escouade en *soldats*, de même le règne animal se décompose en *embranche-*

ments, les embranchements en *classes*, les classes en
ordres, les ordres en *familles*, les familles en *tribus*, les
tribus en *genres*, les genres en *espèces*.

Les vertébrés forment un des embranchements du
règne animal ; les poissons, les amphibies, les reptiles,
les oiseaux et les mammifères sont autant de classes de
cet embranchement.

Nous verrons, une autre année, quels sont, dans chacune
de ces classes, les ordres principaux, et nous pourrons
même signaler les espèces intéressantes ; mais, en bons
généraux, avant d'apprendre les noms de nos soldats, il
nous faut d'abord faire la connaissance des divisions que
nous avons à faire manœuvrer.

Animaux dépourvus de squelette et formés d'anneaux.
Si les mammifères, les oiseaux, les reptiles, les batra-

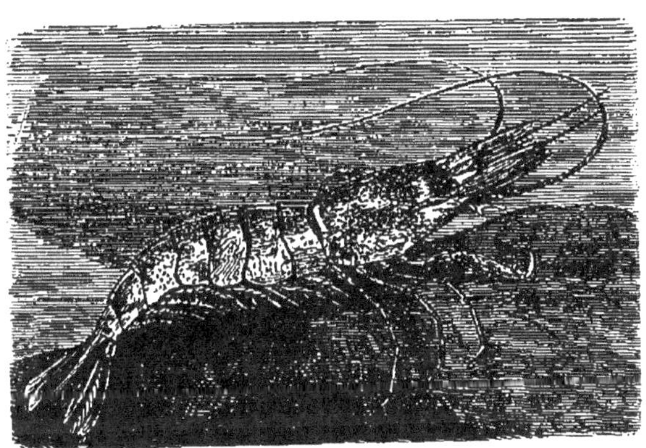

Fig. 146. — Crevette.

ciens et les poissons possèdent tous un squelette dont la
partie essentielle est la colonne vertébrale, ce sont aussi
les seuls animaux qui soient conformés de la sorte.
Il me suffira de faire appel à votre mémoire pour
vous en convaincre. Vous avez sans doute — et ce
n'est pas ce que vous avez fait de mieux — écrasé plus
d'un insecte sous vos pieds : dans les débris du pauvre

animal, avez-vous jamais rien vu qui ressemblât à un os?

Vous avez mangé des écrevisses (fig. 147) et des crevettes (fig. 146); mieux encore, vous avez vu découper devant vous des homards et des langoustes, et vous savez à n'en pas douter que, sous la peau dure et coriace qui forme leur *carapace*, il n'y a absolument que des parties

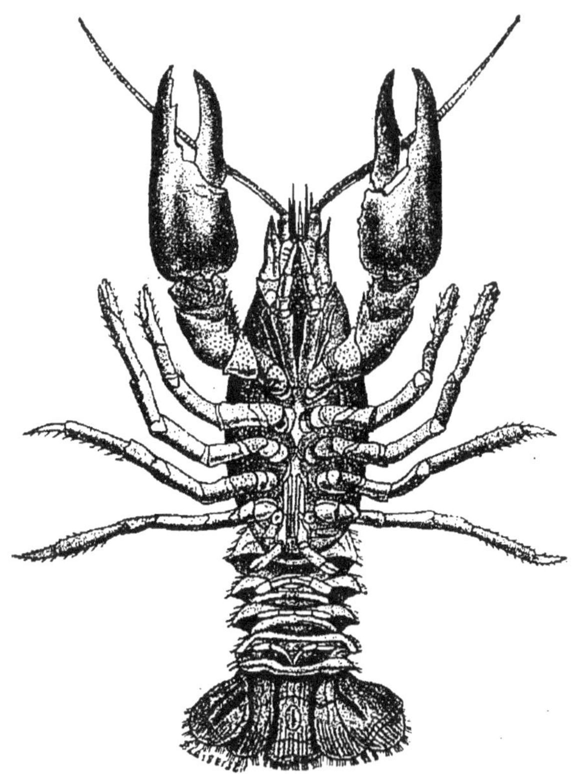

Fig. 147. — Écrevisse.

molles, de la chair. Dans un ver de terre, dans une sangsue, vous ne trouverez rien de solide. Brisez la coquille d'un escargot, ce qui reste au-dessous est absolument mou, sans résistance. Vous savez encore qu'il en est ainsi de l'huître dans sa coquille.

Voilà donc un grand nombre d'animaux — car il y en a une foule de semblables à ceux dont nous venons de parler — qui ne présentent pas la moindre trace de squelette intérieur et qui diffèrent par conséquent complètement des vertébrés. Mais ces animaux ne se ressemblent pas entre eux pour cela. Il y a bien plus de différence entre un hanneton et un escargot qu'il n'y en a entre un pigeon et un chat : le pigeon et le chat se ressemblent au moins par leur squelette ; le hanneton et

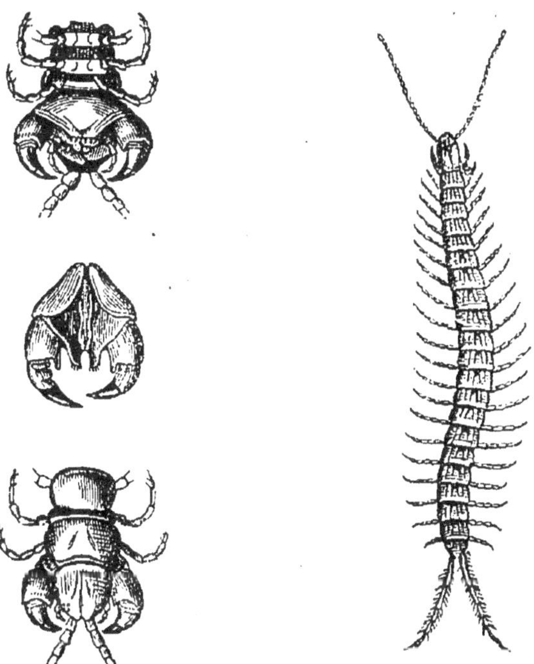

Fig. 148. — *a*, Mille-pieds (scolopendre) ; *b*, sa tête vue en dessus *f*, sa tête vue en dessous ; *g*, ses crochets venimeux.

l'escargot n'ont au contraire rien de commun; ils ne pourraient donc être réunis dans un même embranchement et, de fait, on les place dans des embranchements distincts.

Comparons, au contraire, d'autres animaux : choissons par exemple, un hanneton (fig. 129), une écrevisse (fig. 147) et un mille-pieds (fig. 148). Prenez ce dernier, s'il est gros, avec précautions, car il mord assez volontiers à l'aide des deux crochets qui lui servent de mâchoires, et vous saurez que ces crochets contiennent un venin qui rend leur blessure douloureuse pendant assez longtemps. Ne vous effrayez pas trop cependant et regardez avec attention l'animal, convenablement placé au fond d'un verre d'où il ne puisse s'échapper. Depuis la tête jusqu'à la queue, toutes les parties du corps se ressemblent : l'animal semble découpé en petites tranches placées bout à bout. Chacune de ces tranches ressemble exactement à celles qui précèdent et à celles qui suivent ; toutes présentent sur le côté de petites ouvertures toujours placées de la même façon ; toutes portent une paire de pattes et rien qu'une seule, et les pattes se ressemblent entre elles autant que les tranches elles-mêmes. Le mille-pattes est donc formé d'une série de parties, placées bout à bout, toutes organisées de même : on donne à ces parties, à ces tranches les noms d'*anneaux* ou de *segments*.

Revenons maintenant à l'écrevisse et regardons-la par sa face ventrale. On voit tout de suite que son corps est formé d'anneaux, absolument comme celui du mille-pattes. Chacun de ces anneaux porte même chez l'écrevisse une paire de pattes, et une seule. Où donc est la différence ? Chez le mille-pattes, tous les anneaux du corps se ressemblent ; chez l'écrevisse, les anneaux de derrière, ceux qui forment ce qu'on appelle à tort la queue, sont un peu plus étroits que ceux de devant ; ils sont complètement séparés sur tout leur pourtour, tandis que les anneaux de devant, bien distincts les uns des autres en dessous, ne le sont plus en dessus et sont d'ailleurs complètement couverts par la carapace.

Mais les pattes se ressemblent encore moins entre elles, Les pattes des anneaux de la queue sont toutes petites, grêles et ne sauraient servir à l'animal à nager : il y suspend ses œufs ; seule la dernière paire s'élargit beaucoup et forme avec le dernier anneau l'éventail qui termine le corps. Les pattes des anneaux situés en avant de la prétendue queue deviennent tout à coup beaucoup plus grandes; il y en a quatre paires à peu près pareilles, sur lesquelles marche l'animal ; la paire qui précède est aussi beaucoup plus grande que les autres ; elle forme les grandes pinces au moyen desquelles l'écrevisse saisit et dépèce les chairs à demi corrompues dont elle fait sa nourriture. En avant de ces pinces, les pattes diminuent brusquement : elles conservent bien à peu près la forme de pattes, mais elles ne servent évidemment plus à marcher; à mesure qu'on avance, elles prennent une apparence de plus en plus spéciale. L'animal ne s'en sert plus que comme de ciseaux pour découper et broyer ses aliments. Si singulier que cela paraisse, les pattes des anneaux antérieurs du corps ne fonctionnent plus que comme des mâchoires.

Ainsi, chez l'écrevisse, on peut dire que les pattes changent de forme et d'usage à chaque anneau ; les anneaux eux-mêmes ne se ressemblent pas entre eux : c'est par cette variété dans la forme des anneaux et des membres qu'ils portent que les écrevisses diffèrent des mille-pattes.

Le hanneton va nous présenter des différences plus grandes encore. Au premier coup d'œil, on reconnaît que son corps est divisé en anneaux comme celui du mille-pattes ou de l'écrevisse ; mais ces anneaux ont une structure très variée. En avant, on distingue d'abord une tête qui rappelle beaucoup celle des mille-pattes et qui porte une paire d'*antennes* (que vous appelez des cornes), des yeux et plusieurs paires d'organes servant de mâchoires. Puis viennent trois anneaux très remarquables, chacun munis d'une paire de pattes qui ne diffèrent pas sensiblement entre elles; en outre, le deuxième de ces anneaux porte une paire d'ailes coriaces, courtes, résistantes qu'on appelle les *élytres;* le troisième porte également une paire d'ailes ; mais ces ailes sont beaucoup plus longues que les élytres, sous lesquelles elles se cachent au repos après s'être pliées en long et en travers ; légères et transparentes comme de la gaze, ce sont elles surtout qui agissent sur l'air pendant le vol; quelquefois même, comme chez ces beaux scarabées dorés qu'on trouve sur les roses, les *cétoines* (fig. 149), les élytres ne s'ouvrent pas. Les anneaux suivants, au nombre de huit, ne portent ni ailes, ni pattes et sont à peu près semblables entre eux.

Le corps du hanneton se divise donc en trois régions, formées elles-mêmes d'anneaux : la première région est la *tête*; la région suivante comprend trois anneaux qui portent les membres: c'est le *thorax*; la dernière région, dépourvue de membres, a reçu le nom d'*abdomen*.

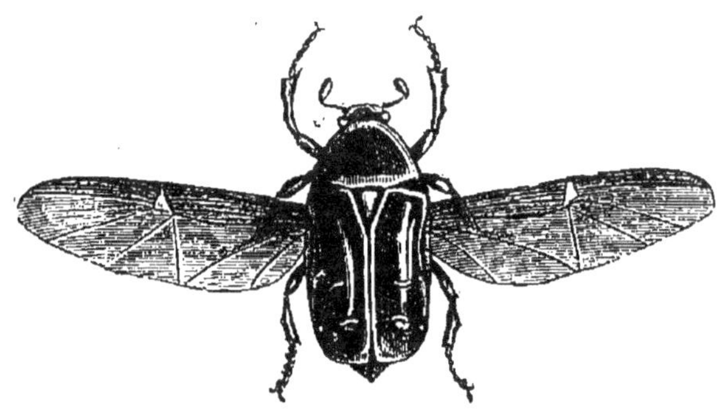

FIG. 149. — Cétoine dorée, au vol.

Examinez maintenant un *scorpion* (fig. 118). Là encore vous allez reconnaître facilement que le corps est formé d'anneaux. Mais vous ne distinguez plus de tête. Vous trouvez d'abord deux paires de pinces : les premières, petites; les secondes, très grandes, ressemblant tout à fait à des pinces d'écrevisses. Viennent ensuite quatre paires de pattes portées par autant d'anneaux ; tous les autres anneaux manquent de membres, et les derniers, longs et grêles, forment à l'animal une sorte de queue à l'extrémité de laquelle se trouve un crochet, dont la base, renflée en ampoule, contient un venin mortel pour les petits animaux.

Comme les scorpions, les araignées aux longues pattes qu'on appelle ordinairement des *faucheurs* ont le corps bien nettement divisé en anneaux : ils n'ont pas non plus de tête distincte. Leurs membres se composent d'une paire de pinces, placées, comme les petites pinces du scorpion, au-devant de la bouche ; d'une paire d'organes déliés, servant à palper le sol ou à maintenir les insectes dont le faucheur fait sa nourriture, et occupant exactement la place des grandes pinces du scorpion ; enfin, de quatre paires de pattes. Les autres anneaux sont dépourvus de membres.

Les araignées ont des membres en même nombre que ceux des faucheurs et faits de même, sauf que les pinces dont la bouche de ces derniers est armée sont remplacées, chez elles, par des crochets à venin. La ressemblance entre les araignées et les faucheurs est extrême ; cependant on n'aperçoit d'anneaux chez les araignées que dans le tout jeune âge ; plus tard, le corps ne semble divisé qu'en deux parties : l'une antérieure, qui porte la bouche, les yeux et les pattes ; l'autre, postérieure, qui ne porte, en fait de membres, que les filières au moyen desquelles l'animal tisse sa toile.

Malgré cette absence d'anneaux dans l'âge adulte, l'araignée fait évidemment partie de la même division du règne animal que les faucheurs et les scorpions, et le caractère de cette division, c'est que le corps des animaux qui la composent est divisé en anneaux distincts dont un certain nombre au moins portant des pattes articulées. Cette division est encore un *embranchement :* l'embranchement des *animaux articulés* ou simplement des articulés.

Division en classes de l'embranchement des articulés. — Le nombre des membres, le mode de division des régions du corps permet de distinguer, dans l'embranchement des articulés, des *classes* comme nous en avons distingué dans l'embranchement des vertébrés.

Les scarabées, les sauterelles, les punaises, les papillons, les abeilles, les guêpes, les mouches et tous les animaux qui leur ressemblent ont, comme le hanneton, six pattes, trois de chaque côté du corps, souvent quatre ailes, et leur corps est divisé en trois régions, la *tête*, le *thorax* et *l'abdomen* (fig. 150), dont une seulement, le *thorax*, porte des pattes. Ils forment la classe des *Insectes*.

Les *mille-pattes*, constituant à eux seuls la classe des *myriapodes*, ont des pattes sur toute la longueur de leur corps : une ou même deux paires pour chaque anneau. Ils ont une tête distincte ; mais tous leurs autres anneaux se ressemblent.

Les scorpions, les pinces, les faucheurs, les araignées, et nombre d'autres petits animaux, tels que les mites, le

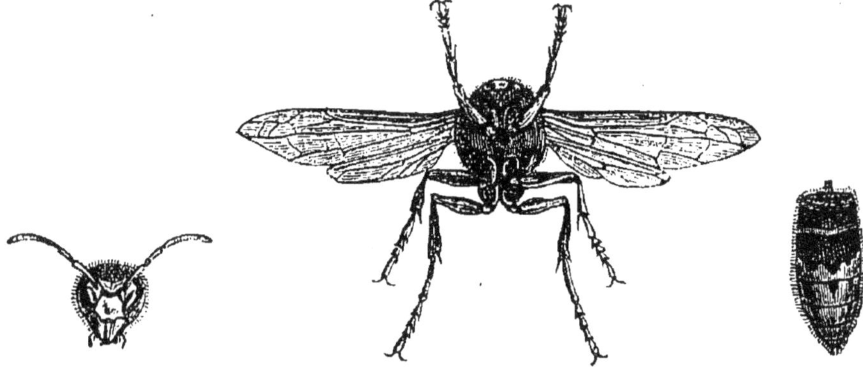

Fig. 150. — Tête, thorax et abdomen d'une guêpe.

ciron du fromage, l'acarus de la gale, etc., n'ont ordinairement pas de tête distincte et sont munis de quatre paires de pattes ; on les réunit à cause de ces caractères communs dans une classe à part, celle des *arachnides*.

Enfin les écrevisses, les homards, les langoustes, les crevettes, les crabes, qui ont dix paires de pattes bien développées, les cloportes, qui en ont sept, une foule de petits articulés aquatiques ou terrestres, habitant la mer ou les eaux douces (fig. 151) et qui ont des pattes en nombre très variable, forment une nouvelle grande classe d'animaux articulés, celle des *crustacés*.

Les crustacés, quoique certaines espèces, telles que les

cloportes, soient terrestres, sont essentiellement organisés
pour vivre dans l'eau. Tous les autres articulés sont, au
contraire, essentiellement organisés pour respirer l'air en
nature ; plusieurs espèces d'insectes, quelques arachnides,
vivent cependant dans l'eau pendant toute leur vie ;
d'autres espèces, les libellules, les éphémères, par
exemple, y passent leur enfance, à la façon des grenouilles,
et vivent ensuite à l'air libre. Nous retrouvons donc ici

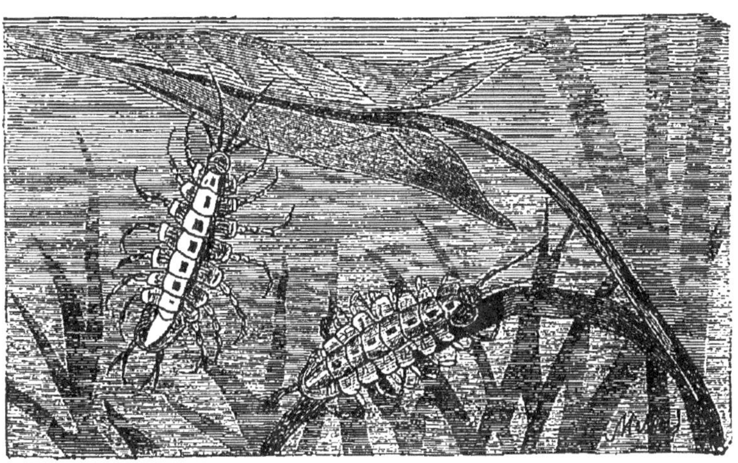

Fig. 151. — Crustacés d'eau douce (aselle).

quelque chose de tout à fait semblable à ce que nous
ont montré les vertébrés. Chez ces derniers, les animaux composant une même classe semblent organisés
pour mener le même mode d'existence ; mais nous trouvons
toujours dans chacune d'elles quelques espèces qui font
exception : des mammifères et des oiseaux deviennent
presque aussi aquatiques que des poissons ; inversement,
certains mammifères et certains poissons volent dans l'air
mieux que certains oiseaux.

C'est dans l'embranchement des articulés, et dans
la classe des insectes seulement, qu'on trouve des animaux partageant avec les oiseaux et quelques autres
vertébrés la faculté de voler.

Les animaux annelés : vers de terre, sangsues, etc. — Si les animaux articulés n'ont pas de squelette intérieur, leur corps est presque toujours protégé par une peau dure, résistante, tantôt simplement cornéé comme chez les insectes, tantôt presque pierreuse. Vous savez tous quelle force il faut avoir pour briser les pinces d'un homard ou celles de certains crabes.

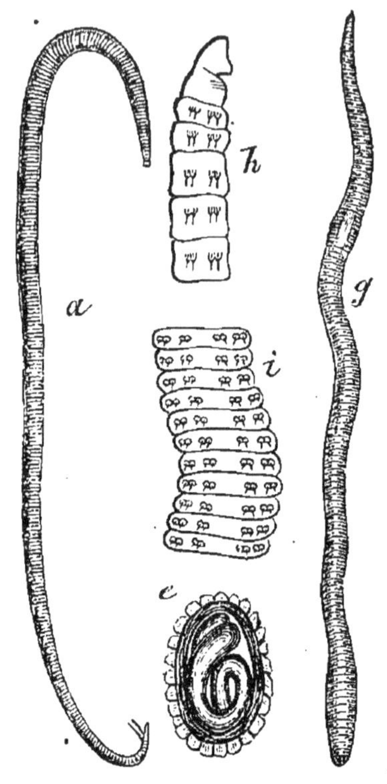

FIG. 152. — *a*, ascaride; *e*, trichine; *g*, ver de terre; *h*, *i*, anneaux et soies du ver de terre.

Il y a d'autres animaux, formés d'anneaux bien distincts, comme les articulés, mais dont la peau demeure toujours molle. et sans consistance. L'un d'eux se rencontre partout en abondance : c'est le ver de terre ou *lombric* (fig. 152, *g*).

Ses anneaux ne sont pas aussi faciles à apercevoir, parce que sa peau est ordinairement marquée de rides transversales que l'on peut confondre avec celles qui marquent les véritables limites des anneaux ; mais, en y regardant de près, vous arrivez bien vite à les distinguer, grâce à l'étranglement plus profond que présente l'animal à l'endroit où un anneau finit et où un autre commence.

Chez les articulés, un certain nombre d'anneaux, quelquefois tous, portent des membres, formés eux-mêmes de parties mobiles les unes sur les autres, que l'on nomme des *articles*. Dans la patte d'un hanneton il est facile de distinguer des parties que l'on peut comparer à une hanche, une cuisse, une jambe et un pied. Les anneaux d'un ver de terre ne portent jamais rien de semblable. Mais laissez marcher quelque temps un lombric sur votre main ; puis saisissez-le et essayez de le tirer brusquement. Vous sentirez qu'il s'est accroché à votre peau ; il semble qu'il soit armé de petites épines qui s'enfoncent dans les corps mous et lui fournissent autant de points d'appui.

Ces épines existent réellement : celles des gros vers de terre sont parfaitement visibles à l'œil nu ; il faut se servir d'une loupe pour distinguer celles des petits individus (fig. 152, *h, i*).

Ce ne sont pas de simples prolongements de la peau ; chacune d'elles fait saillie hors d'un petit trou percé dans le corps du ver et peut, au gré de l'animal, sortir à l'extérieur de toute sa longueur ou se retirer presque entièrement sous la peau. Il en existe deux rangées de chaque côté du corps et, dans chaque rangée, ces épines sont disposées par paires, de sorte qu'un anneau n'en porte pas plus de huit.

Ce sont là tous les membres d'un lombric. Le ver se sert du reste fort habilement de ses épines pour se pousser en avant, soit sur le sol, soit dans ses galeries souterraines. Comme ces épines, très grossies, ne sont pas sans quelque ressemblance avec une soie de porc, et qu'elles aident l'animal à se mouvoir, on leur donne souvent le nom de *soies locomotrices.*

Le lombric est encore un animal auquel sa peau perméable rend la vie impossible dans un air un peu sec. Des vers de terre qui s'échappent d'une boîte où on les tient enfermés sont voués à une mort certaine s'ils ne trouvent pas de terre humide dans laquelle ils puissent s'enfoncer. On les ramasse sur le parquet, recroquevillés de toutes façons, complètement desséchés et durs comme des morceaux de bois. Aussi ces animaux ne sortent-ils de leur trou et ne s'aventurent-ils à l'air qu'après la pluie ou par les nuits humides ; encore demeurent-ils presque toujours à demi enfoncés dans la galerie qu'ils ont creusée et où ils se retirent à la moindre alerte.

Voilà donc des êtres à qui une forte humidité est absolument nécessaire, qui ne vivent dans le sol que si celui-ci est imprégné d'eau et qui se comportent, par

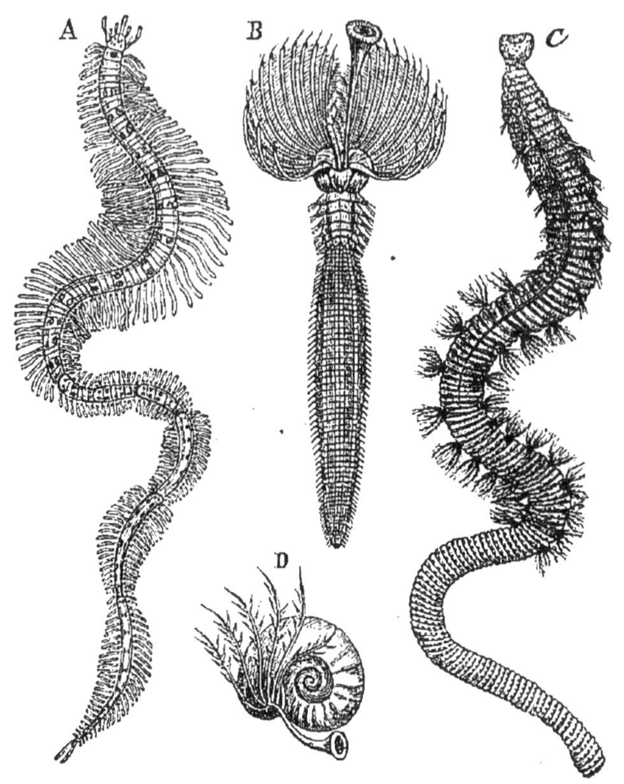

Fig. 153. — Annélides (l'annélide A est en train de se diviser).

conséquent, à peu de choses près, comme des animaux aquatiques. Effectivement, la plupart des vers qui leur ressemblent, habitent exclusivement dans l'eau; une multitude d'espèces se plaisent parmi les herbes marines, se cachent sous les pierres de nos grèves, s'enfoncent dans les sables, creusent des galeries dans la vase que la mer dépose au fond de ses eaux, ou se fabriquent des espèces de coquilles dans lesquelles elles habitent. On donne à ces espèces marines le nom d'*annélides*, qui rappelle les anneaux dans lesquels leur corps est divisé (fig. 153). Ces anneaux sont, en effet, plus distincts encore que ceux des lombrics ; ils sont aussi plus compliqués et armés de soies plus nombreuses, plus grandes, plus fortes. Très souvent, on voit nager des annélides dans l'eau de mer que les huîtres enferment dans leur coquille, et les personnes non prévenues ne manquent jamais de dire que ce sont des mille-pattes marins ; mais les mille-pattes ont des pieds formés de plusieurs articles ; les pieds apparents des annélides sont de simples mamelons charnus portant les soies.

Ces mamelons manquent aux lombrics dont les soies sont directement enfoncées dans l'épaisseur du corps ; les soies elles-mêmes sont absentes chez les *sangsues*, qui marchent à l'aide des ventouses par lesquelles leur corps est terminé. Elles fixent l'arrière de leur corps à l'aide de l'une de ces ventouses, s'allongent autant qu'elles le peuvent, puis fixent la ventouse qui entoure leur bouche ; elles déta-

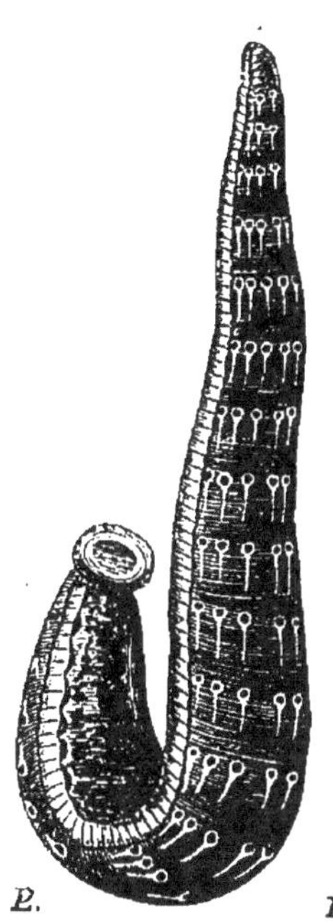

Fig. 154. — Sangsue.

chent alors leur ventouse d'arrière, la fixent de nouveau tout près de leur ventouse de devant, détachent celle-ci et s'allongent une seconde fois ; elles avancent ainsi en faisant exactement les mouvements qu'on exécute quand on veut mesurer avec la main une certaine longueur.

Les sangsues sont formées d'anneaux comme les annélides et les lombrics ; comme eux, elles manquent de pieds articulés et leur peau est molle et flexible. Ce sont là des caractères qui rapprochent ces animaux les uns des autres et les éloignent à la fois des articulés et des vertébrés. Il faut donc constituer pour eux un troisième embranchement, celui des *vers annelés* ou simplement des *vers*, dont les annélides, les lombrics et les sangsues forment les classes principales.

Beaucoup de vers jouissent d'un remarquable privilège. Si l'on vient à couper l'extrémité postérieure du corps d'un ver de terre, la partie détachée meurt généralement, mais l'animal mutilé ne tarde pas à produire de nouveaux anneaux et à se compléter si bien qu'il ne reste bientôt plus trace de sa blessure. Enlevez la tête d'un autre ver; cette tête elle-même ne tardera pas à se reformer. Dans quelques espèces, les choses vont plus loin. Le ver grandit sans cesse, parce qu'il se forme toujours de nouveaux anneaux à sa partie postérieure. Cependant il n'atteint jamais une taille considérable. C'est que, lorsqu'il a grandi quelque temps, il se partage brusquement en deux ou plusieurs autres vers (fig. 153, A), qui vont vivre désormais chacun pour son compte. En coupant de tels vers par le milieu, on peut en faire deux, à volonté. Les articulés ne possèdent jamais une semblable faculté : tout au plus possèdent-ils, comme certains vertébrés inférieurs, tels que les salamandres, le pouvoir de réparer certaines blessures graves ou même de reproduire un de leurs membres amputés.

On peut rapprocher des animaux annelés les *trichines* (fig. 152, *e*) qui viennent se loger dans nos muscles et les *ascarides* (fig. 152, *a*) que l'on appelle quelquefois improprement lombrics et qui sont fréquemment rendus par les enfants dont ils habitent l'intestin.

DIXIÈME LEÇON

Animaux à peau molle, sans coquille ou avec une coquille. — Les vertébrés, les articulés et les vers forment déjà une bonne partie du règne animal ; mais nous n'avons pas encore passé en revue toutes les formes qu'il est intéressant de connaître. Voyez, par exemple, cet escargot (fig. 155) qui rampe lentement, étendant ses

Fig. 155. — Escargot.

quatre cornes, dont les plus grandes portent chacune un œil et traînant sur son dos sa lourde coquille. Il est impossible de le placer dans aucun des embranchements que nous avons définis.

Sa coquille une fois brisée, vous ne trouvez dans ce qui reste aucune partie dure. Ce n'est donc pas un vertébré. Malgré son enveloppe solide, il ne présente aucune trace de membres articulés, on ne saurait donc le rapprocher des crustacés ou des insectes. Sa peau, débarrassée de la coquille, est molle, comme celle d'un ver, mais vous avez beau chercher, vous ne voyez pas, dans le corps de notre animal, la moindre trace d'une division en anneaux; l'escargot n'est donc pas un ver.

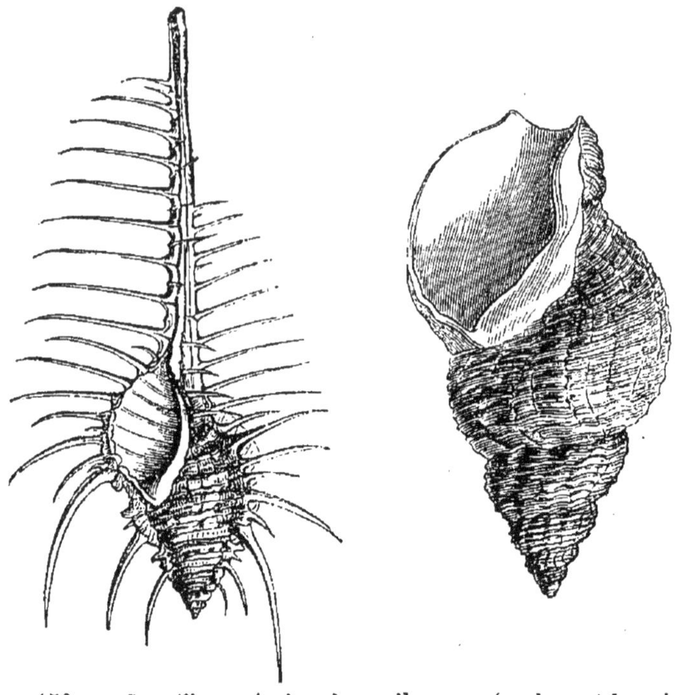

Fig. 156. — Coquilles spirales de mollusques (rocher et buccin).

D'ailleurs, les vertébrés, les articulés et les vers ont tous une moitié droite et une moitié gauche qui se ressemblent exactement : le corps de l'escargot s'enroule, au contraire, en spirale et rien ne permet de le partager dans le sens de la longueur en deux moitiés pareilles. Il faut donc faire une place à part dans le règne animal pour les escargots et les animaux analogues. On les réunit dans l'embranchement des *mollusques*, dont le nom signifie *animaux mous*.

L'embranchement des mollusques est un des plus nombreux du règne animal. Toutes ces productions si élégantes, parfois si brillamment colorées et que l'on appelle, dans le langage ordinaire, des *coquillages*, sont l'œuvre des mollusques. Il y en a de deux sortes bien tranchées : les unes sont, comme la coquille de l'escargot, tout d'une seule pièce et ordinairement enroulées en

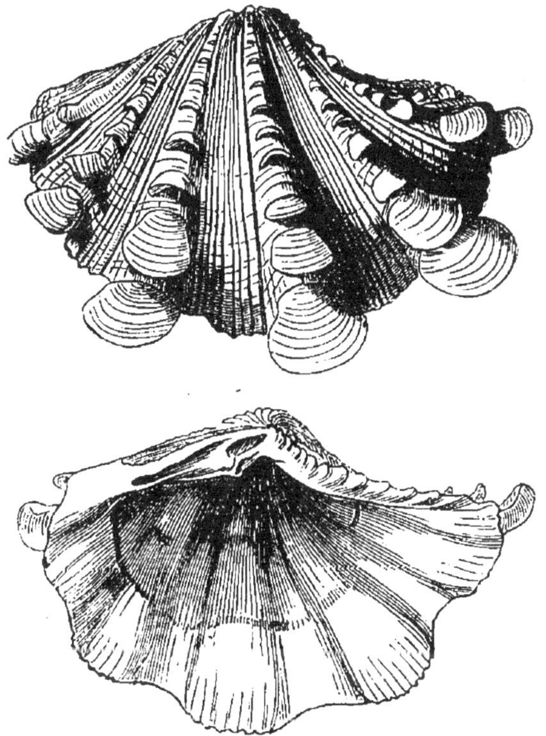

FIG. 157. — Tridacne ou bénitier.

spirale (fig. 156); les autres sont formées, comme la coquille de l'huître, de deux moitiés, à peu près semblables, réunies par une sorte de charnière et qui peuvent s'ouvrir ou se fermer comme les deux moitiés de la couverture d'un livre. Chacune des moitiés de la coquille porte le nom de *valve* et l'on dit que la coquille est *bivalve* (fig. 157). L'animal est compris entre les deux valves de sa coquille, comme les feuillets du livre entre les deux lames de carton qui forment sa couverture.

Ordinairement, les deux valves de la coquille se rejoignent exactement lorsqu'elles se ferment, de sorte que l'animal est complètement à l'abri de toute attaque.

La plupart des mollusques dont la coquille est tout d'une pièce peuvent se retirer entièrement à l'intérieur de cette singulière maison; celle-ci se trouve alors hermétiquement close par une sorte de petit volet, qui

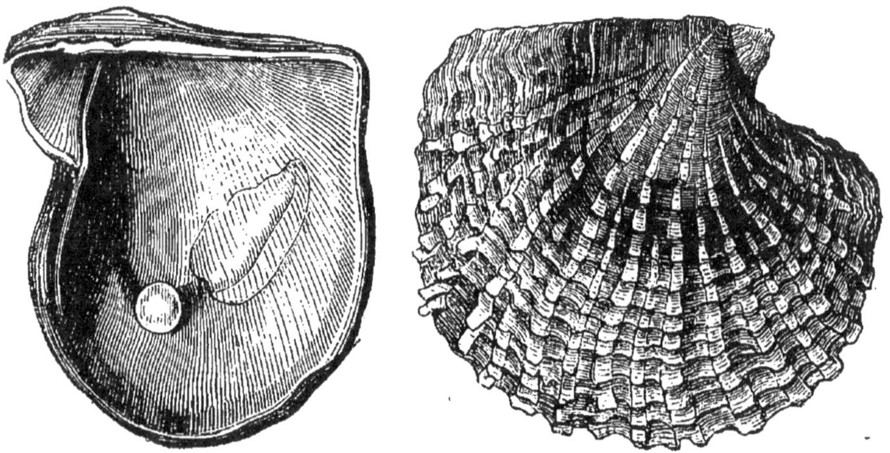

FIG. 158. — Pintadine mère-perle.

s'adapte exactement à son ouverture et qu'on appelle l'*opercule* de la coquille. Cet opercule est fixé au pied de l'animal; il manque complètement à quelques mollusques, comme l'escargot; mais il est facile de l'observer chez le plus grand nombre des autres.

Si les coquilles sont souvent brillamment colorées à à l'extérieur, leur surface interne n'est pas moins richement ornée. Elle est couverte d'une couche continue d'une substance calcaire, demi-transparente, marquée de stries extrêmement fines, visibles seulement avec une forte loupe et dans lesquelles la lumière, en se jouant, produit des teintes changeantes du plus splendide effet.

Cette substance, fréquemment employée dans l'industrie, est la *nacre*. Dans quelques espèces de mollusques bivalves, la nacre peut se déposer en grains sphériques dans les tissus mêmes de l'animal : elle forme alors ces *perles* que l'on emploie à faire de si gracieuses parures.

Les plus belles perles, comme la plus belle nacre, sont fournies par une grande coquille de l'océan Pacifique et de la mer des Indes, la *pintadine mère-perle* (fig. 158). Son aspect extérieur est un peu celui d'une huître de très grande dimension; mais la coquille est dure, épaisse, compacte, et quand on l'ouvre, on voit apparaître sans préparation la nacre dans toute sa beauté.

On trouve dans nos eaux douces des coquilles bivalves, connues sous le nom de *mulettes*, qui produisent aussi des perles; seulement ces perles sont plus petites que celles des pintadines et n'ont pas de reflets aussi variés. Comme ce sont ces reflets, qu'on nomme l'*orient*, qui donnent aux perles la plus grande partie de leur valeur, les perles d'eau douce sont naturellement moins estimées. Quelques coquilles spirales fournissent aussi une nacre très brillante; mais la forme de ces coquilles s'oppose à ce qu'on puisse les débiter en lames d'assez forte dimension; on ne peut employer leur nacre que pour faire des incrustations.

La coquille des mollusques habille l'animal comme nos vêtements nous couvrent; elle est produite par la peau à laquelle elle adhère et qui lui fait comme une sorte de doublure, qu'on appelle le *manteau* du mollusque.

Chez l'huître, on voit facilement ce manteau, qui tapisse d'une membrane transparente tout l'intérieur de la coquille et qui est bordé de franges de couleur grisâtre. On peut reconnaître qu'une huître est bien fraîche en touchant légèrement ces franges; on les voit alors se retirer lentement et accuser ainsi que l'animal est vivant.

Chez l'escargot en train de ramper, le manteau apparaît encore comme une bordure charnue tout autour de l'ouverture de la coquille ; mais dans certains mollusques ce manteau prend un plus grand développement ; il déborde la coquille de toutes parts, se rabat sur elle et finit par la cacher presque entièrement. C'est ce qui arrive chez les limaces de nos jardins, où la coquille est en même temps devenue beaucoup trop petite pour que l'animal puisse s'y retirer : elle est enfermée dans une espèce de bouclier situé derrière la tête (fig. 159), ce

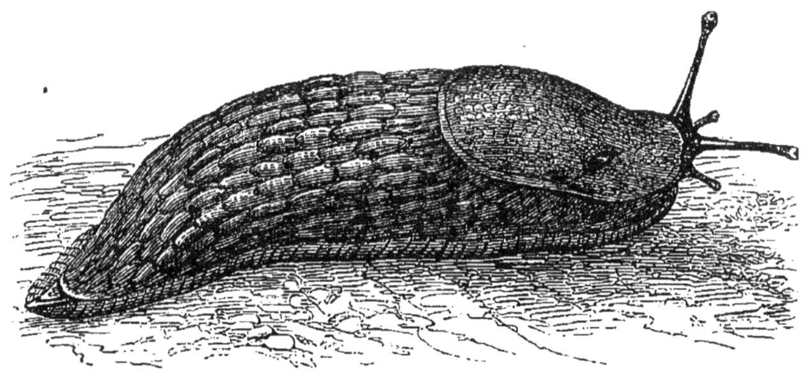

Fig. 159. — Limace rouge.

qui fait croire à beaucoup de personnes que les limaces sont des mollusques sans coquille. Il est toujours facile de faire sortir la coquille des limaces en fendant ce bouclier ; ordinairement, dans la grosse limace rouge,

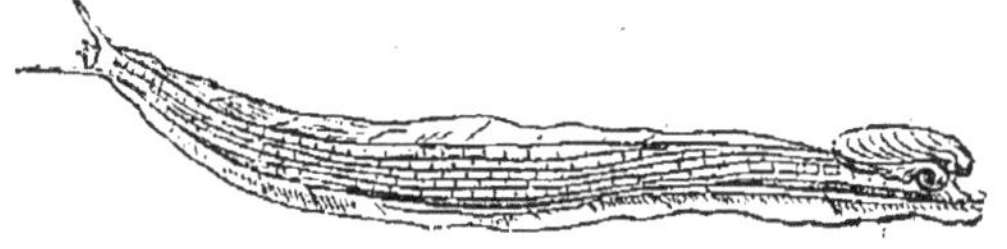

Fig. 160. — Testacelle.

on ne trouve à sa place qu'un amas de granulations pierreuses.

Les limaces ressemblent d'ailleurs beaucoup aux escargots par leur organisation. Elles sont, comme eux, de grands ennemis de nos potagers. Il ne faut pas confondre avec elles les *testacelles* (fig. 160), qui sont aussi très communes dans certains pays et n'ont, comme les limaces, qu'une toute petite coquille ; mais cette coquille est libre et ressemble à un ongle qui serait placé sur la queue de l'animal. Les testacelles sont donc facilement reconnaissables ; autant l'on peut recommander la destruction des limaces, autant il faut protéger les testacelles, qui ne vivent que de vers de terre, de jeunes limaces ou de larves d'insectes, tous animaux fort nuisibles à nos cultures.

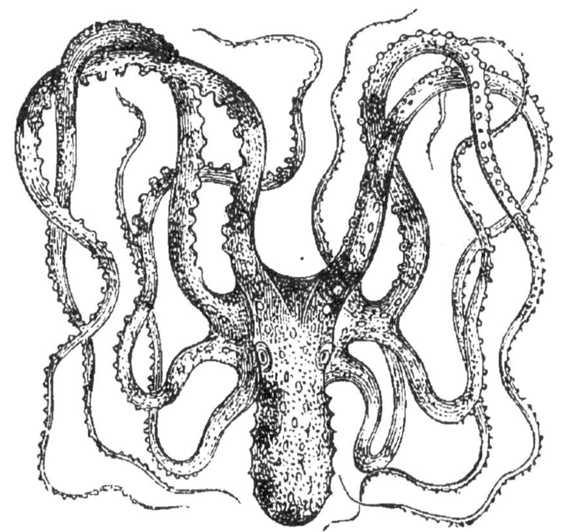

Fig. 161. — Poulpe.

Il y a des mollusques qui sont tout à fait dépourvus de coquille. Les uns sont des animaux qu'il faut ranger dans la même *classe* que l'escargot. Les autres, comme le *poulpe*, plus connu sous son nom vulgaire de *pieuvre*, en sont bien différents.

Les escargots et les mollusques de la même classe rampent sur une sorte de pied qui semble formé aux dépens de la peau de leur face ventrale : ce qui leur a fait donner le nom de *gastéropodes*, formé de deux mots grecs, l'un *gaster*, qui veut dire ventre, l'autre *pous*, *podos*, qui veut dire pied. Les *poulpes* (fig. 161) ne possèdent rien de semblable, mais leur tête est entourée de huit longs appendices charnus, complètement mous, terminées en pointe, mobiles en tous sens comme des serpents et armés sur une de leurs faces de ventouses à l'aide desquelles l'animal peut fixer ses bras sur tous les objets qui l'entourent, les attirer à lui ou se hisser jusqu'à eux. Tandis que les bras maintiennent la proie que le poulpe a saisie, le mollusque la dépèce au moyen d'une sorte de bec dont sa bouche est armée et qui ressemble au bec d'un perroquet, ou bien il la déchire en promenant sur elle une langue armée de crochets recourbés, et qui fonctionne comme une sorte de râpe.

Un danger apparaît-il, le poulpe fuit aussitôt comme un trait, en nageant à reculons (fig. 162). Il lui suffit

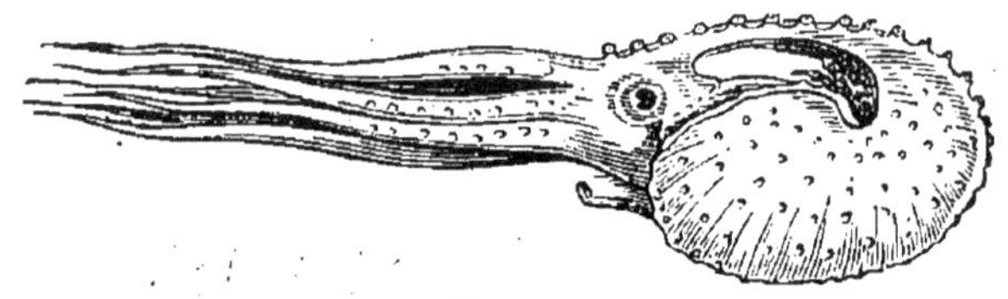

FIG. 162. — Poulpe d'une autre espèce (argonaute) nageant.

pour cela de chasser brusquement l'eau contenue dans une poche qu'il a sous le ventre. L'eau comprimée presse sur le fond de la poche et projette l'animal en arrière. Si le danger devient plus pressant, le poulpe lance autour de lui son *encre* ; c'est un liquide noir qui forme dans l'eau un épais nuage et permet à l'animal de masquer la direction dans laquelle il bat en retraite.

Les *seiches* ne diffèrent guère des poulpes que parce qu'elles ont dix bras, au lieu de huit, et parce que leur corps, aplati et entouré d'une nageoire membraneuse, est défendu par une sorte de coquille intérieure, l'*os de seiche*, que l'on donne souvent aux oiseaux tenus en cage pour aiguiser leur bec ; c'est avec l'encre des seiches que les Chinois fabriquent la sépia et l'encre de Chine.

Les *calmars* ressemblent aux seiches, mais leur corps

a exactement l'aspect d'un cornet dont l'extrémité pointue porterait une nageoire en forme de losange. Quelques espèces peuvent atteindre une taille relativement
colossale. On a vu des calmars dont le corps dépas-
sait 1^m,50 et qui pouvaient avoir 7 mètres de longueur
depuis l'extrémité des bras jusqu'à la pointe de la queue.
Les ventouses des bras de quelques-uns de ces gigantesques mollusques sont armées de griffes aiguës et recourbées comme celles d'une panthère. Ce sont là sans aucun
doute des animaux redoutables et qui inspirent un juste
effroi aux pêcheurs de perles du grand Océan. Ils ont
probablement donné lieu à la fable du *kraken*, ce poulpe
que Denys de Montfort prétendait être assez gros pour
saisir les navires entre ses bras et les couler.

Tandis que les poulpes et les seiches vivent dans le
voisinage des côtes, les calmars sont des animaux de
haute mer, ils voyagent souvent par troupes et fournissent la nourriture ordinaire des dauphins et des cachalots.

Comme les calmars, les seiches et les poulpes ont leurs
bras disposés en couronne autour de la tête ; on dit que
ce sont des *céphalopodes* (des mots grecs *képhalè*, tête,
et *pous*, pied). Les *céphalopodes*, les *gastéropodes* et les
bivalves, qu'on appelle aussi *acéphales*, parce qu'on les
suppose dépourvus de tête, sont les classes les plus importantes de l'embranchement des mollusques.

Quelques céphalopodes possèdent une coquille dans
laquelle ils peuvent se retirer ; tels sont les *nautiles*.
Les *argonautes* femelles (fig. 162) en fabriquent une pour
y pondre et la maintiennent à l'aide de deux de leurs
bras, élargis en forme de palette.

Les céphalopodes sont incontestablement les géants
de l'embranchement des mollusques, mais il ne faut
pas croire que toutes les espèces des autres classes
soient limitées à la taille exiguë des escargots ou des
huîtres. Il y a des gastéropodes dont la coquille dépasse
parfois la grosseur de la tête d'un homme et, parmi les

bivalves, les *tridacnes* ou *bénitiers* atteignent des dimensions vraiment extraordinaires. On en a vu qui avaient 1^m,50 de diamètre. Des coquilles de cette taille servent de bénitiers à l'église Saint-Sulpice à Paris et il y en a une paire d'aussi grands dans les collections du Muséum d'histoire naturelle.

Quand, au fond de la mer, un de ces énormes tridacnes vient à fermer sa coquille, les deux valves sont rapprochées avec une force que rien ne saurait vaincre. Des plongeurs pris à ce piège d'un nouveau genre mourraient sans pouvoir se dégager ou devraient amputer le membre saisi pour recouvrer leur liberté.

Animaux ayant l'apparence de plantes : hydres et méduses. — Nous arrivons enfin à des organismes particulièrement remarquables, parce qu'ils semblent être animaux par certains côtés, végétaux par certains autres.

En voici un, pour commencer, qui est à la disposition de tout le monde. Ramassez dans un étang ou dans un simple réservoir où l'eau séjourne habituellement une certaine quantité d'herbes aquatiques ; placez ces herbes dans un bocal rempli d'eau où elles puissent flotter. Si vous renouvelez de temps en temps votre récolte, vous aurez chance d'apercevoir quelque jour, collés au verre du flacon, du côté le plus éclairé, de petits êtres bruns ou verts que vous prendriez probablement pour quelque végétation si vous n'étiez pas prévenus, Ce sont là des *hydres* ou polypes d'eau douce (fig. 163). Leur corps a la forme d'un petit cornet surmonté d'une couronne de bras qui peuvent se rétracter de manière à ne paraître que comme de petits tubercules, ou s'étendre au contraire de manière à devenir minces comme des fils d'araignée et à atteindre plusieurs décimètres de longueur. Cette faculté des bras de s'étendre ou de se rétracter vous montre déjà que les hydres sont capables de se mouvoir. Observez-les quelque temps : vous les verrez, en effet, agiter leurs bras, courber leur corps de diverses façons, ou même se mettre à marcher en fixant tour à tour leurs deux extrémités sur le verre ou sur les plantes, à la manière des sangsues. Placez dans le vase qui contient les hydres de tout petits insectes : si l'un d'eux vient à frôler l'un des bras du polype, il est aussitôt saisi, avalé et

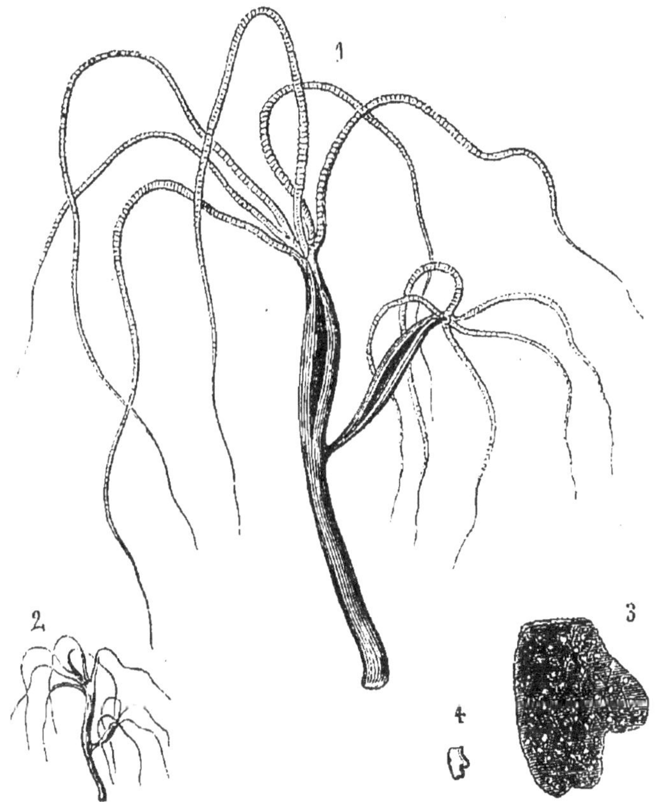

Fig. 163. — Hydre d'eau douce : 1, hydre grossie ; 2, la même, grandeur naturelle ; 3, 4, bourgeons d'hydres grossi et grandeur naturelle.

digéré : pour le coup, l'hydre affirme nettement sa qualité d'animal. Cette façon de se nourrir en introduisant dans son corps des matières solides est absolument étrangère aux végétaux.

Mais voici qui devient plus surprenant : coupez votre hydre en deux ; au bout de quelque temps, chaque moitié deviendra une hydre nouvelle, et vous pourrez recommencer cette opération aussi souvent que vous voudrez: chaque partie d'hydre se complètera au bout de peu de temps; l'hydre semble donc se reproduire par bouture comme une plante.

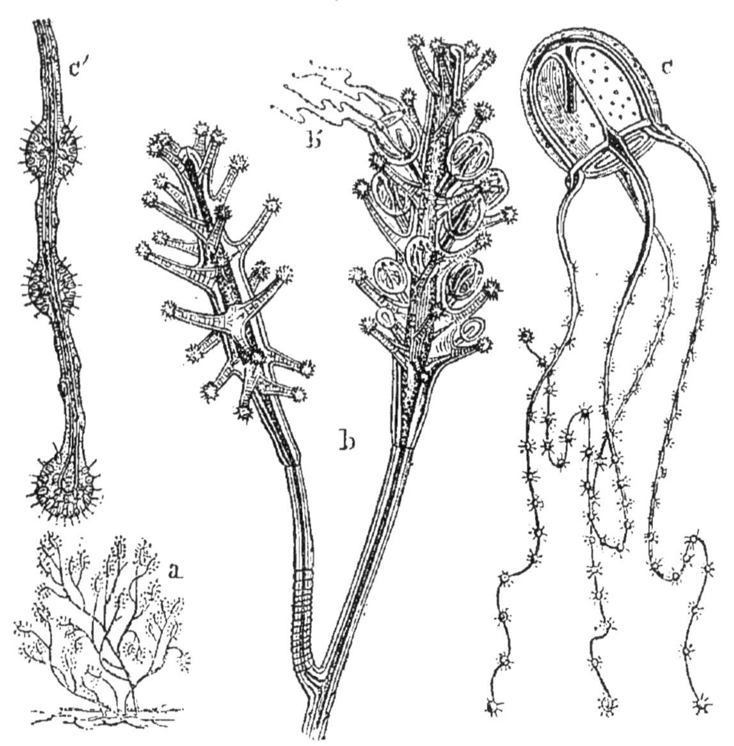

Fig. 164. — *a*, bouquet d'hydres marines; *b*, deux hydres grossies de ce bouquet, sur l'une desquelles ont poussé des méduses *b'*, comme des fleurs poussent sur une plante; *c*, méduse détachée et nageant dans la mer; *c'*, un bras de la méduse.

Conservez quelques jours une hydre, en ayant soin de la bien nourrir et de la maintenir à une douce chaleur. Bientôt, en un point de son corps, vous verrez apparaître une petite bosselure (fig. 163, n° 4), une sorte de bourgeon qui grandira peu à peu, absolument comme grandit un bourgeon sur la branche d'un végétal. Au bout de quelque temps, ce bourgeon s'épanouit : c'est une jeune hydre qui vient de se former. La mère et la fille peuvent vivre plus ou moins longtemps ensemble, elles produisent même souvent de nouveaux bourgeons avant de se séparer. Trembley, naturaliste hollandais, qui le premier a étudié les hydres, a réussi à obtenir une famille qui ne comptait pas moins de dix-neuf individus nés les uns sur les autres. On donne aux familles ainsi constituées le nom de *colonies;* elles sont exceptionnelles chez nos polypes d'eau douce ; mais la vie en commun est le genre habituel d'existence de nombreux polypes marins qui, bourgeonnant ainsi les uns sur les autres, finissent par former des sociétés ayant tout à fait l'apparence ramifiée d'une petite plante et comprenant un nombre considérable d'individus. On voit même chez plusieurs espèces se former sur ces rameaux des êtres singuliers, qui possèdent une sorte de corolle, analogue à celle des fleurs, et complètent ainsi la ressemblance (fig. 164, *b'*). Seulement ces fleurs sont animées, mobiles et très voraces ; à un moment donné, elles se détachent et se mettent à nager, indépendantes de la colonie qui les a produites (fig. 164, *c*); elles ont reçu le nom de *méduses*. On en rencontre dans toutes les mers.

Anémones de mer, corail et madrépores. — Si vous avez séjourné quelque temps au bord de la mer, vous avez sans aucun doute observé avec étonnement de gros polypes marins, infiniment plus compliqués que les hydres, pourvus de bras nombreux, disposés comme des pétales de fleur ; ces polypes sont connus sous la dénomination bien méritée d'*Anémones de mer* (fig. 165). Certaines espèces de ces animaux forment, comme les hydres, des colonies et les polypes sont généralement soutenus par une sorte de squelette calcaire auquel on donne le nom de *polypier*. L'un de ces polypiers est bien connu de tout le monde et trouve dans la bijouterie d'innombrables emplois : c'est le *corail*, que l'on pêche en assez grande abondance dans la Méditerranée, notamment sur les côtes de l'Algérie et de la Tunisie, et qui est particulièrement apprécié à cause de sa couleur d'un rouge vif.

Les *madrépores* (fig. 166) sont d'autres polypiers d'aspect bien différent et généralement de couleur blanche.

Fig. 165. — Actinie ou anémone de mer.

Ils se développent en abondance dans les mers chaudes du globe, atteignent d'énormes dimensions et finissent par former des îles assez vastes pour servir d'habitation à l'homme. Ces îles madréporiques ont un aspect tout particulier. Ce sont de vastes cirques, au centre desquels la mer forme une sorte de lac dont la parfaite tranquillité contraste avec la violence des vagues qui viennent battre la muraille extérieure de l'île. Quelquefois les polypiers se disposent en ceinture autour d'une île plus ou moins élevée et lui forment une défense naturelle contre la mer. L'île de Taïti, les îles Gam-

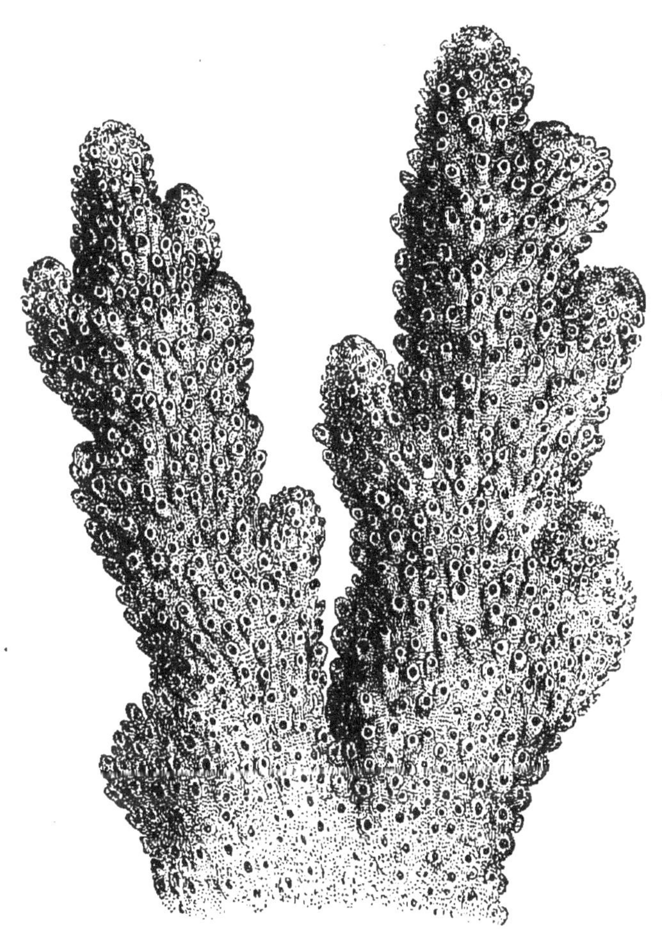

FIG. 166. — Madrépore

bier, les îles Fidji sont ainsi protégées par des récifs dont l'épaisseur varie depuis 70 jusqu'à 900 mètres. On trouve encore de semblables barrières de polypiers le long de la côte occidentale de la Nouvelle-Calédonie ; une autre, qui borde la côte orientale de l'Australie atteint, jusqu'à quatre cents lieues de long.

Telle est la puissance de la vie, que les polypes, animaux délicats entre tous, arrivent à construire avec le temps des ouvrages qui déconcertent la hardiesse humaine, et les maintiennent intacts malgré le choc incessant de vagues, dont l'effort serait suffisant pour détruire en quelques annés des îles de granit!

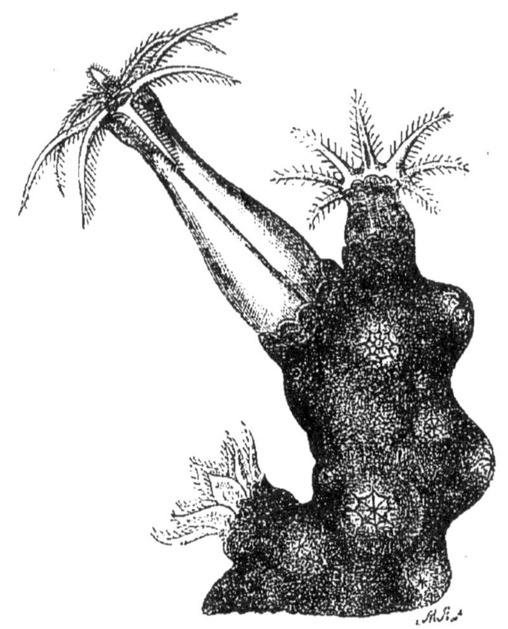

FIG. 167. — Animaux qui produisent le corail.

Tous les polypes ne sont pas d'aussi habiles architectes. Ceux dont le polypier est compact, résistant, massif plutôt qu'arborescent sont particulièrement aptes à construire les singuliers récifs des mers tropicales. Dans nos mers, où l'on trouve un assez grand nombre de madrépores, les colonies de ces animaux ne croissent pas assez vite pour produire d'aussi merveilleux effets.

Le corail rouge (fig. 167), employé dans la bijouterie, ne forme jamais que de petits arbrisseaux fixés à la face

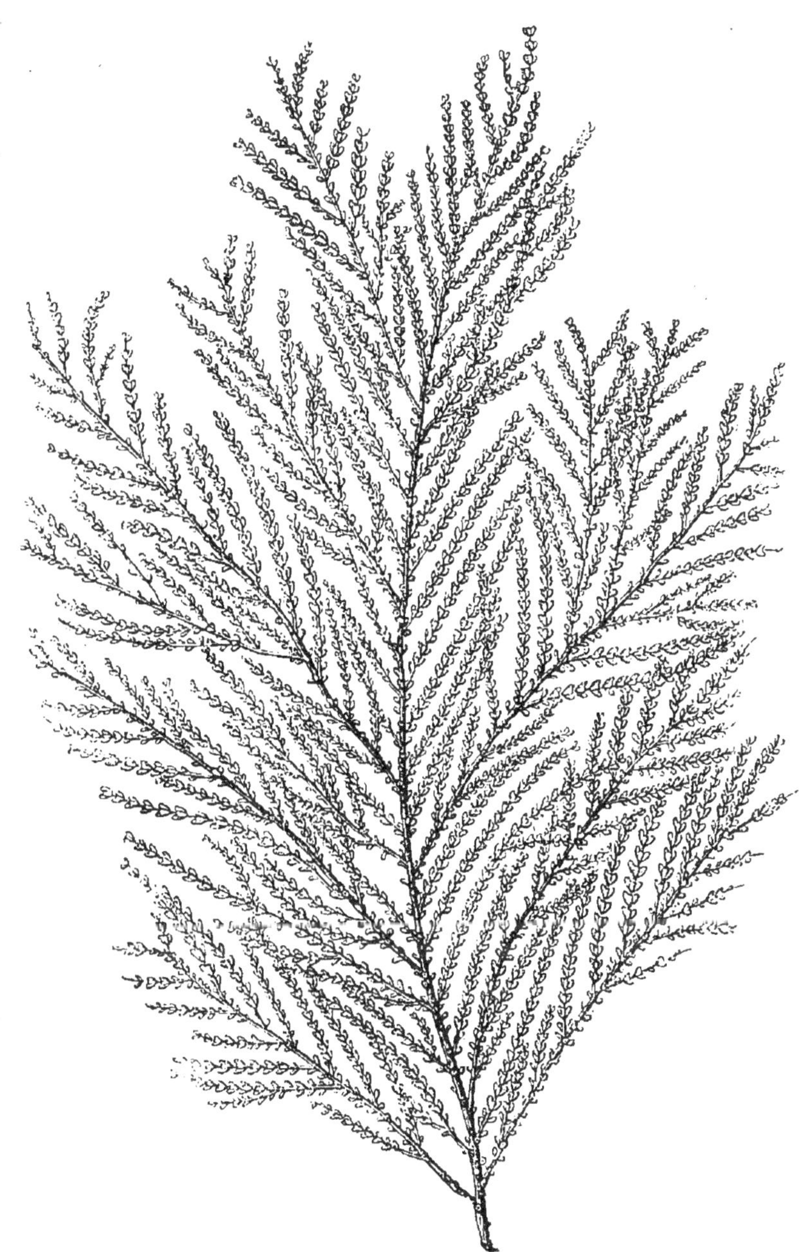

Fig. 168. — Gorgone : chacun des petits tubercules saillants ést occupé par un polype semblable à ceux qui produisent le corail.

inférieure des rochers. Tandis que sur les branches des madrépores la place de chaque polype est indiquée par une sorte de fleur pierreuse qui semble reproduire la forme même du polype, les polypes du corail ne laissent d'ordinaire aucune empreinte sur ses rameaux. Le polypier est recouvert d'une épaisse masse charnue sur

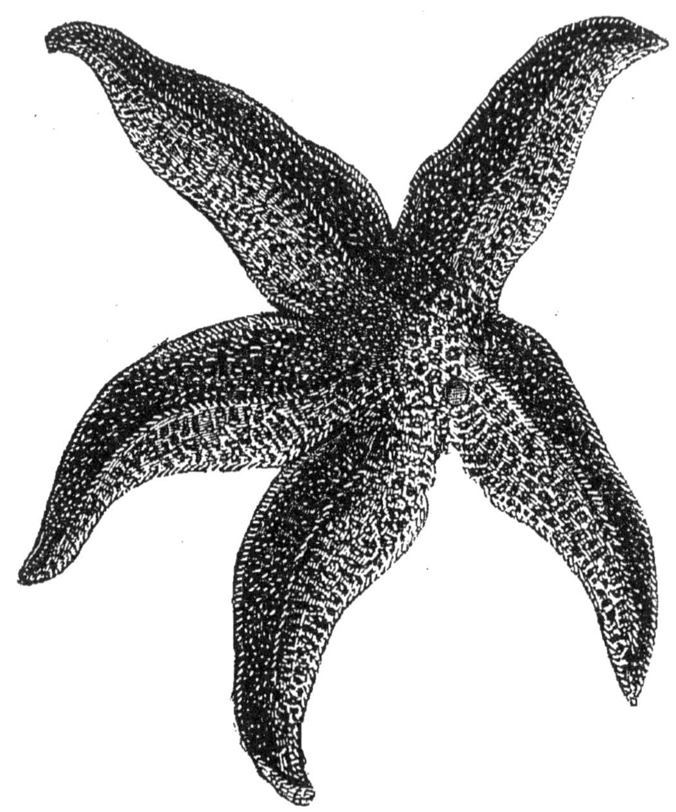

FIG. 169. — Étoile de mer.

laquelle s'épanouissent les polypes comme de gracieuses fleurs, d'un blanc pur, dont les pétales, toujours au nombre de huit, sont régulièrement dentelés sur leurs bords (fig. 167). La forme ramifiée du corail et des madrépores a longtemps fait prendre ces êtres bizarres pour des végétaux.

Quelques animaux très voisins du corail ont encore plus que lui une apparence végétale : leur corps n'est plus soutenu par un polypier calcaire, mais bien par un polypier corné, flexible, semblable, quand il est nu, à un rameau de bruyère. Ces polypes à polypier flexible sont désignés sous le nom de *gorgones* (fig. 168). Leur polypier n'a absolument aucun usage.

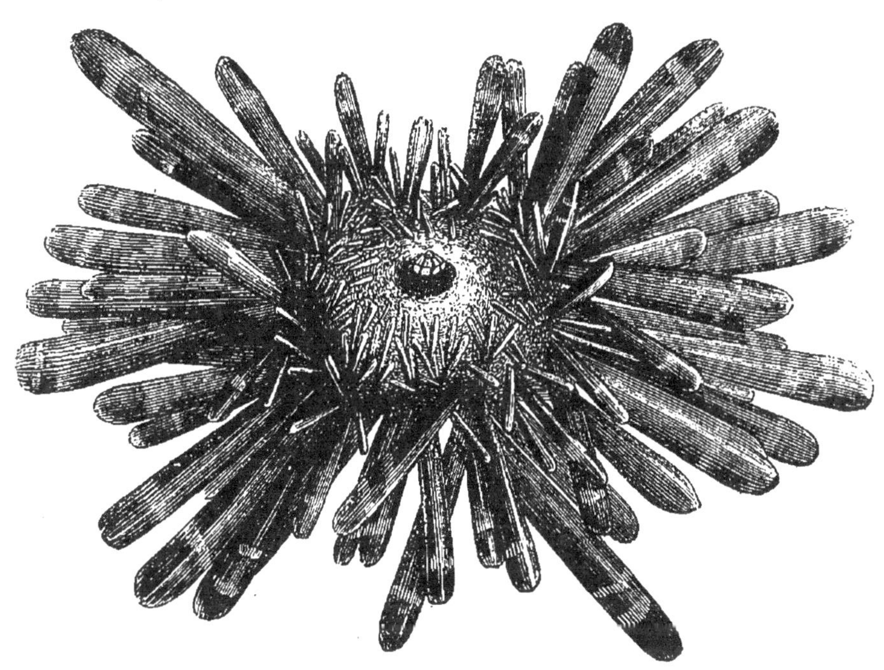

Fig. 170. — Oursin.

On a quelquefois aussi donné le nom d'*animaux-plantes* aux *étoiles de mer* (fig. 169), qui ont en général cinq bras disposés en rayons comme les parties d'une fleur, aux *oursins* (fig. 170), qui sont sphériques et couverts de piquants comme une bogue de châtaigne ; aux *holothuries*, qui sont allongées comme un boudin et que les Chinois mangent sous le nom de *trépang*.

Éponges. — Les *éponges* (fig. 171) sont elles-mêmes des animaux, bien que toutes les apparences semblent les rapprocher des plantes : mais ces animaux sont encore bien inférieurs aux polypes.

La partie de l'éponge qui sert à la toilette n'est qu'un squelette destiné à soutenir une masse gélatineuse qui est la seule partie vivante de l'éponge. Avant de transporter l'éponge, on la débarrasse soigneusement de sa partie vivante, qui répand, quand elle se décompose, une odeur des plus fétides. Il y a des éponges dans toutes

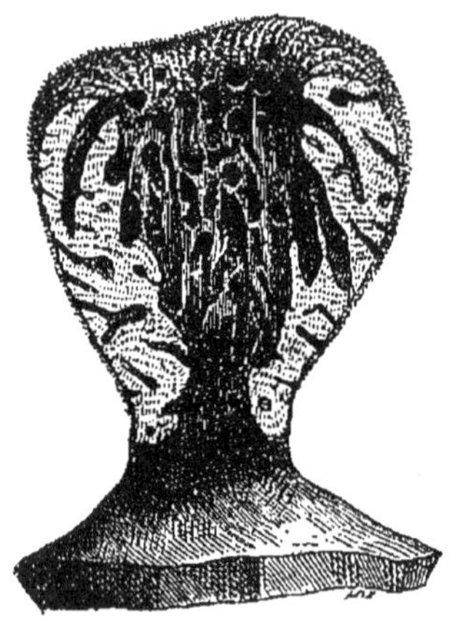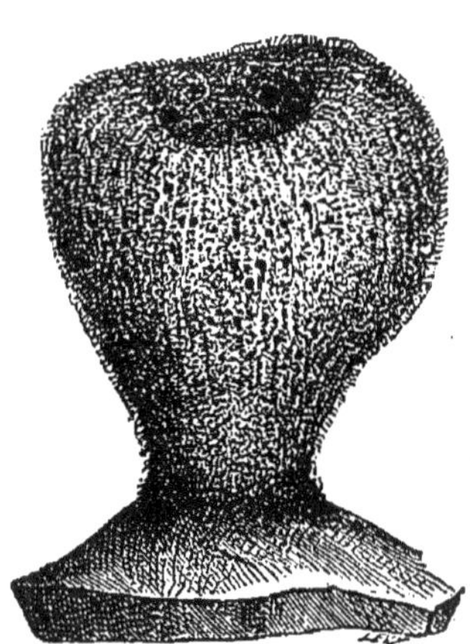

FIG. 171. — Éponge ordinaire.

es mers; mais un petit nombre d'espèces seulement possèdent un squelette assez flexible et d'un tissu suffisamment délicat pour remplir les conditions que l'on demande aux éponges usuelles.

Ces fines éponges se trouvent en assez grande abondance dans certaines régions de la Méditerranée, notamment dans la mer de l'Archipel et près des côtes de Syrie. Elles sont de la part des pêcheurs orientaux un objet important de commerce. Les éponges des parties peu profondes de la mer sont grossières et se récoltent à l'aide d'une sorte de harpon à trois branches fixé au bout d'une perche. Les éponges fines habitent au contraire les eaux profondes; d'habiles plongeurs descendent pour les recueillir jusqu'à 35 mètres sous l'eau et les détachent avec un couteau de manière à ne pas les détériorer.

On se livre aussi à la pêche des éponges dans la mer Rouge et dans le golfe du Mexique, où leur récolte est

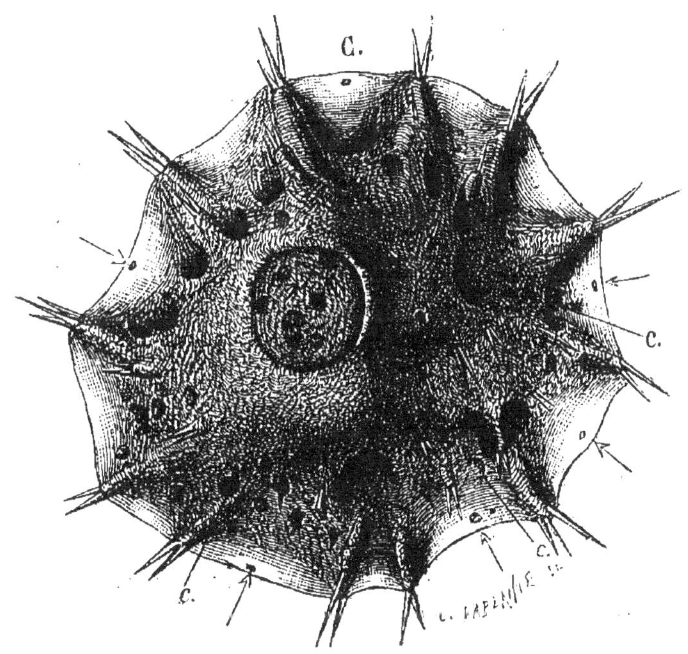

FIG. 172. — Spongille.

aussi facile que fructueuse. Dans ces diverses localités, les éponges ont des qualités spéciales qui les font particulièrement rechercher pour telle ou telle catégorie d'usages. Les éponges les plus estimées en France sont celles de Syrie.

On trouve dans les rivières et dans les étangs de petites éponges, les *spongilles* (fig. 172), qui ont l'aspect des éponges de toilette, mais dont le squelette est formé de fines aiguilles pierreuses.

Infusoires. — Il est des animaux inférieurs aux éponges même. Tels sont la plupart des animaux microscopiques que l'on comprend, dans le langage vulgaire, sous la vague dénomination d'*infusoires*.

Beaucoup de ces organismes présentent avec les semences de certaines algues ou de certains champignons une telle ressemblance, que la distinction est presque impossible. Ainsi, les deux grands règnes organiques se confondent par leurs formes inférieures. De part et d'autre, on arrive à des êtres de qui il est absolument impossible de dire si ce sont des animaux ou des plantes; hâtons-nous d'ajouter que ces êtres sont fort petits, qu'il faut pour les voir l'aide des meilleurs microscopes et qu'ils ne ressemblent en rien aux hydres et aux coraux dont nous parlions tout à l'heure.

Nous connaissons maintenant les différences les plus importantes que les animaux présentent dans leur structure. Il va nous être facile de faire une connaissance plus intime avec ceux d'entre eux qui attirent le plus l'attention par leur taille et par leur organisation, plus voisines de la nôtre : j'ai nommé les vertébrés.

Nous nous occuperons principalement des vertébrés de nos pays ou de ceux que rend remarquables quelque particularité exceptionnelle.

ONZIÈME LEÇON

Nous savons depuis longtemps déjà que l'on réunit
sous le nom de *Vertébrés* les mammifères, les oiseaux,
les reptiles, les batraciens et les poissons ; nous savons
également que l'on reconnaît les mammifères à leurs
poils, les oiseaux à leurs plumes, les reptiles à leur peau
écailleuse et à leur faculté de respirer l'air en nature,

Fig. 173. — Orvet.

les batraciens à leur peau nue et à leurs singulières
métamorphoses, les poissons à leurs nageoires ou à leurs
écailles, quand ils en ont, et surtout à l'impossibilité où
ils sont de respirer hors de l'eau.

Parmi tous ces animaux, les mammifères seuls mettent
au monde des petits vivants et possèdent des mamelles
pour allaiter leurs petits. On dit pour cette raison qu'ils
sont *vivipares*, tandis que tous les autres vertébrés qui

pondent des œufs sont *ovipares*. Toutefois, parmi eux, un certain nombre d'espèces conservent leurs œufs dans leur corps jusqu'à l'éclosion : tels sont les *orvets* (fig. 173) et les *vipères*, parmi les reptiles ; les *requins*, parmi les poissons. Ce sont là de faux vivipares, qui d'ailleurs ne possèdent aucun organe leur permettant d'allaiter leurs petits.

Les mammifères semblent donc faire bande à part : toutefois ils possèdent en commun avec les oiseaux un caractère qui manque aux autres vertébrés. Lorsque vous caressez un chien ou que vous placez votre main sous l'aile d'un oiseau, vous sentez se dégager de l'animal une douce chaleur ; introduisez un thermomètre dans la bouche d'un chien endormi par le chloroforme, pour l'empêcher de bouger, ou même tenez quelque temps ce thermomètre enfermé dans votre main ; qu'il fasse froid ou chaud dans la salle où vous faites cette expérience, vous verrez toujours le thermomètre monter rapidement et s'arrêter au même point, marquant une température voisine de 37°. Sous l'aile d'un oiseau, le thermomètre monterait un peu plus haut et marquerait environ 42° par tous les temps.

Les mammifères et les oiseaux, quelle que soit la température extérieure, conservent donc le même degré de chaleur. Quel que soit le point de leur corps que l'on examine, on le trouve à peu près également chaud ; le sang, en circulant sans cesse dans tout l'organisme, maintient ses diverses parties à une température uniforme, absolument comme l'eau qui circule dans les tuyaux de chauffage d'une serre distribue également la chaleur dans toute son étendue. Le sang a paru longtemps la source de chaleur des mammifères et des oiseaux, que l'on désigne quelquefois, pour cette raison, sous le nom d'*animaux à sang chaud*.

Vous connaissez sans aucun doute la sensation de froid que l'on éprouve lorsque l'on place une grenouille sur sa main ou que l'on vient à saisir un lézard. Cette sensation, que nous fait également ressentir le contact des poissons, nous montre déjà que tous ces animaux ont une température inférieure à la nôtre. Ils mériteraient par cela même, relativement à nous, le nom d'*animaux à sang froid*; mais, si l'on cherche à connaître exactement leur température, on trouve que non-seulement ils sont plus froids que les mammifères, mais encore qu'ils s'échauffent ou se refroidissent avec l'air qui les entoure, tandis que les mammifères et les oiseaux demeurent toujours également chauds.

Nous voyons la plupart des animaux à sang chaud également actifs par tous les temps; les animaux à sang froid, très actifs pendant l'été, s'engourdissent, au contraire, fréquemment pendant l'hiver. A mesure que la température s'abaisse, ils deviennent de plus en plus nonchalants et paresseux ; ils mettent une lenteur de plus en plus grande dans leurs mouvements; finalement, ils s'endorment durant toute la mauvaise saison, pour se réveiller au printemps. Dans cet état de sommeil, ils peuvent supporter des froids rigoureux. Tandis qu'un mammifère ou un oiseau est fatalement voué à la mort dès que sa chaleur intérieure s'abaisse seulement de quelques degrés, on a vu revenir à la vie des grenouilles et des salamandres qui avaient été prises dans les glaces et y avaient séjourné assez longtemps.

Ces différences dans la température intérieure du corps, si importantes qu'elles soient, ne prouvent pas d'ailleurs que les animaux à sang froid soient très éloignés des animaux à sang chaud. Ainsi, malgré leur faible quantité de chaleur, les reptiles ont bien plus de ressemblance avec les oiseaux qu'avec les batraciens, qui se rapprochent eux-mêmes des poissons bien plus que des reptiles.

Quelques mammifères s'endorment pendant l'hiver comme les animaux à sang froid. Tels sont les ours (fig. 174), les chauves-souris, les marmottes (fig. 175), les loirs (fig. 176) et autres petits animaux ; durant cet engourdissement, dont il est possible de les tirer en les réchauffant doucement, leur température, constante pendant l'été, s'abaisse et devient variable : ces mammifères se rapprochent par conséquent des animaux à sang froid.

Ce sommeil profond qui s'empare durant l'hiver de certains mammifères envahit, du reste, les plus actifs des

FIG. 174. — Ours brun.

animaux et l'homme lui-même exposés à un grand froid. Lorsque la température du corps commence à baisser, les mouvements deviennent lourds et bientôt impossibles, le cerveau refroidi cesse peu à peu d'être capable de vouloir, les paupières s'appesantissent, et, si l'homme qui se sent gagner par le sommeil ne trouve pas en lui suffisamment d'énergie pour réagir, il tombe et la mort ne

FIG. 175. — Marmotte.

tarde pas à survenir. On voit, par tous ces exemples, que

FIG. 176. — Loir.

la chaleur est absolument nécessaire à la production des

mouvements chez les animaux ; les mouvements sont d'autant plus actifs qu'elle est elle-même plus considérable. Quand elle diminue dans le corps, les mouvements se ralentissent peu à peu ; finalement, ils deviennent totalement impossibles ; l'animal s'engourdit. La mort survient toujours, même chez les animaux à sang froid, si le refroidissement a été trop grand.

DOUZIÈME LEÇON

Le plus grand nombre des mammifères sauvages qui peuplent la terre diffèrent peu de ceux qui vivent autour de nous, et nos animaux domestiques suffiraient presque pour faire comprendre quelles sont les formes les plus remarquables que les mammifères puissent revêtir.

Les singes ou quadrumanes. — Les singes sont, de tous les animaux, ceux qui nous ressemblent plus. Leurs yeux sont dirigés en avant comme les nôtres ; ils ont le même nombre de dents que nous, et la forme de ces dents est peu éloignée de la forme des nôtres. S'ils marchent souvent à quatre pattes, ils savent aussi se tenir sur deux, et leurs bras sont terminés par des mains identiques aux nôtres ; mais tous sont couverts de poils abondants ; une seule espèce possède un nez saillant comme le nez de l'homme ; leurs jambes portent toujours des mains comme leurs bras, au lieu de porter des pieds ; aussi appelle-t-on les singes des *quadrumanes* ; enfin, la plupart ont une queue. Chez certains singes d'Amérique, les sapajous, la queue peut atteindre une grande longueur; elle s'enroule en spirale ou en crochet, à la volonté de l'animal, qui s'en sert pour se suspendre ou se balancer aux branches des arbres ; c'est un cinquième membre dont les sapajous savent admirablement tirer parti.

Quelques singes ont une stature égale à celle de l'homme : tel est le gorille du Gabon (fig. 177) ; d'autres, comme les ouistitis, n'atteignent pas les dimensions d'un

Fig. 177. — Gorille mâle.

écureuil. Entre ces deux extrêmes, on trouve des singes de toutes les tailles et de toutes les proportions. La plupart sont intelligents, et quelques-uns savent même se construire des huttes de branchages qui leur servent d'habitation ; presque tous se laissent apprivoiser ; mais nulle part l'homme n'a cherché à s'en faire des auxiliaires ou à les plier à la domesticité. Comme ils professent les

FIG. 178. — Magot.

mêmes goûts que nous pour les fruits, le miel ou les végétaux sucrés, ils ne respectent guère nos plantations et sont considérés partout comme des maraudeurs aussi hardis que dangereux. Ils ne fournissent d'ailleurs à l'homme aucun produit utile : plusieurs espèces de *guenons* sont cependant recherchées pour leur splendide fourrure.

Il n'existe qu'un seul singe européen : c'est le *mago*

(fig. 178), à queue très courte. Il habite le voisinage de Gibraltar ; on le retrouve en Algérie.

On observe à Madagascar et dans quelques îles voisines de curieux animaux, formant le groupe des *lémuriens*, qui ont les quatre membres terminés par des mains, comme les singes, mais dont le museau allongé ressemble à celui d'un renard (fig. 84) ; les plus remarquables sont les makis, les *loris*, les aye-aye, etc., dont tous les doigts sont démesurément allongés. La plupart sont nocturnes.

Les carnassiers. — Le chien et le chat nous présentent deux modèles de carnassiers qui ont été variés de bien des façons dans la nature. Le chien a des dents plus nombreuses, mais moins tranchantes et moins propres à couper la chair que celles du chat ; ses ongles sont moins robustes et surtout moins aigus. Ils s'usent à terre durant la marche, tandis que le chat relève les siens et les cache entre les poils de ses pattes, de manière à conserver leur pointe intacte. Ces ongles sont pour le chat un moyen d'attaque et de défense que vous avez pu apprécier. Les loups, les chacals de l'Afrique et de l'Asie, les renards ne diffèrent des chiens que par la taille, les proportions de certaines parties secondaires du corps, la couleur et la longueur des poils. Ce sont, en général, au moins dans l'Europe tempérée, des carnassiers peu redoutables ; les loups eux-mêmes n'attaquent l'homme que pressés par la faim. Au contraire, les carnassiers les plus redoutables et les plus sanguinaires ne font en quelque sorte que reproduire en grand le caractère du chat. Le lion, le tigre, le jaguar, la panthère (fig. 179) ont comme lui la face courte, les yeux ronds et faits surtout pour voir la nuit, les dents peu nombreuses et remarquablement tranchantes, les griffes courbes, acérées et redressées pendant la marche, le corps long, souple, flexible, admirablement construit, soit pour la marche légère qui permet à l'animal de s'approcher sans bruit, comme en glissant, de la proie convoitée, soit pour le saut brusque et puissant qui lui permet de fondre sur elle sans en avoir été aperçu. En dehors du chat sauvage que l'on trouve quelquefois dans les forêts de la France, il n'existe en Europe qu'un seul carnassier du même genre : c'est le *lynx* ou *loup-cervier*, remarquable par les bouquets de poils qui terminent ses oreilles et lui donnent une physionomie tout à fait à part. Le lynx habite également les forêts et attaque quelquefois de gros animaux; mais il est relégué dans les régions sep-

FIG. 179. — Panthère.

tentrionales de l'Europe. Sa faculté de voir pendant la nuit avait fait croire aux anciens qu'il pouvait distinguer sa proie même au travers des murailles. On dit quelquefois encore d'une personne dont la vue est perçante qu'elle a des *yeux de lynx*.

L'*ours* brun (fig. 174) de nos montagnes est encore moins carnassier que le chien et se contente souvent de feuilles, de racines et de miel, dont il est extrêmement friand. Plusieurs espèces de ce groupe se nourrissent cependant exclusivement de chair, et, même dans nos pays, certains individus de l'espèce ordinaire ont une préférence marquée pour ce régime : ce sont alors des animaux que leur force rend très dangereux. Les ours se distinguent des autres carnassiers parce qu'ils marchent en appuyant la plante entière du pied sur le sol au lieu de se soutenir seulement sur l'extrémité des doigts ; ils sont *plantigrades*. C'est la cause de la lourdeur de

FIG. 180. — Fouine

leur allure et de la facilité relative avec laquelle ils se tiennent debout sur leurs larges pattes de derrière.

Les blaireaux (fig. 181), de la taille d'un chien, sont aussi des carnassiers marchant sur la plante entière du pied ; ils habitent des terriers qu'ils se creusent avec leurs ongles et où ils s'endorment, comme les ours, pendant l'hiver. Leur nourriture habituelle se compose de fruits, de racines, de grenouilles et de souris.

Ils sont par conséquent infiniment moins carnassiers que les loutres, les martres, les fouines (fig. 180), les putois, les visons, les hermines (fig. 48), les belettes (fig. 46), de taille bien plus petite et dont la chair et le sang des petits animaux sont les aliments exclusifs. Tous ces petits carnassiers se trouvent en France.

Il faut encore citer, comme des animaux carnassiers bien différents des précédents, les *hyènes* d'Asie et d'Afrique, qui portent une crinière sur le cou et dont les pattes de derrière sont plus courtes que celles de devant; les *civettes* (fig. 101), qui fournissent un parfum estimé

FIG. 181. — Blaireau.

et dont les ongles sont plus ou moins redressés pendant la marche, comme ceux des chats. Un animal très voisin des civettes, la *genette*, habite l'Europe méridionale et remonte jusque dans les départements du centre de la France. Une espèce de civette est presque domestique en Égypte et en Abyssinie.

Les insectivores. — Quelques petits mammifères de nos pays, quoique se nourrissant comme les précédents d'animaux vivants, ont un régime plus modeste et dévorent seulement des insectes, des vers de terre ou des limaces. On dit qu'ils sont *insectivores*, et on les reconnaît à çe que leurs grosses dents, au lieu d'être tranchantes comme celles des chats, sont hérissées de petites pointes qui leur servent à écraser la carapace des insectes ou la coquille des escargots. Ce sont des animaux très utiles, quoiqu'on les accuse de joindre parfois à leurs repas des fruits qui ne leur sont pas destinés ou de déranger involontairement nos cultures. Les plus remarquables dans nos pays sont le *hérisson*, la *taupe* et la *musaraigne*.

Le dos du hérisson (fig. 110), au lieu de porter des poils, est tout couvert d'épines. L'animal possède la faculté de se replier sur le ventre, la tête entre les jambes de derrière ; c'est alors une grosse pelotte d'épines que l'on ne sait par où prendre. Le hérisson possède ainsi une défense naturelle qui le met à l'abri des attaques de beaucoup de carnassiers et que nous imitons quand nous mettons un collier garni de clous au cou de nos chiens de garde. Le hérisson n'est pas seul à posséder ce singulier moyen de défense ; on le retrouve chez des animaux bien différents, tels que les porcs-épics, dont les épines ou piquants sont infiniment plus longs, ou les *échidnés*, singuliers mammifères de l'Australie et de la Nouvelle-Guinée, qui, au lieu de dents, possèdent, comme les ornithorhynques, un bec assez semblable à celui des oiseaux. Les tatous de l'Amérique du Sud, les pangolins de l'Afrique et de l'Inde se roulent en boule comme les hérissons, mais leur corps, au lieu d'être protégé par des piquants, est couvert d'écailles carrées chez les tatous, ovales chez les pangolins. Ces mammifères à écailles vivent d'insectes, manquent de dents antérieures et présentent cette particularité en commun avec quelques autres mammifères qui forment avec eux le groupe des *édentés*.

Si le hérisson est, à cause de ses piquants, un animal exceptionnel, la taupe (fig. 182), vivant constamment sous terre, pourvue de larges mains dont la paume est tournée en dehors, sans cesse occupée à creuser le sol, ne recevant jamais un rayon de soleil, est bien faite aussi pour étonner. Elle se nourrit surtout de lombrics, de larves de hannetons et détruit ainsi des grandes quantités d'animaux nuisibles; malheureusement, elle ne respecte pas toujours elle-même les racines des plantes; ses galeries détournent parfois sans profit les eaux d'arrosage. C'est donc pour les agriculteurs un auxiliaire souvent incommode et dont ils cherchent, peut-être à tort, à se débarrasser.

Les musaraignes (fig. 111) vivent à l'air libre; elles res-

FIG. 182. — Taupe.

semblent beaucoup à de petites souris, dont elles ont presque la couleur et la taille; mais leur nez se prolonge en une sorte de courte trompe qui les fait bien vite reconnaître. Les musaraignes sont des insectivores absolument inoffensifs. Il en existe en France deux espèces : l'une vit dans les prés ou dans les bois, au voisinage des ruisseaux et s'abrite dans des trous qu'elle creuse parfois elle-même : c'est la *musette*; l'autre, la *musaraigne d'eau*, entre franchement dans l'eau, nage même dans les eaux courantes des ruisseaux et se nourrit d'insectes aquatiques et de grenouilles. Les musaraignes sont nos plus petits mammifères.

Les chauves-souris. — Dans nos pays, les chauves-souris sont aussi de grands destructeurs d'insectes. Le soir, elles saisissent au vol les moucherons, les papillons de nuit et nous rendent ainsi de grands services. Le jour, elles se réfugient dans les cavernes où les monuments déserts et y dorment accrochées, la tête en bas, par leurs pattes de derrière. Elles se rassemblent quelquefois en si grand nombre que leurs excréments s'accumulent sur le sol en quantité suffisante pour qu'on ait songé en Amérique à les exploiter comme engrais. L'hiver, les chauves-souris s'engourdissent; mais elles commencent aux premiers beaux jours leurs promenades nocturnes. Quelques espèces des pays chauds, telles que les *roussettes*, se nourrissent de fruits; elles atteignent parfois la taille d'une poule. On accuse une chauve-souris de l'Amérique centrale, le vampire, de sucer le sang de l'homme et des animaux endormis et de déterminer chez eux des hémorrhagies parfois mortelles. Cette accusation paraît trop bien justifiée par de nombreuses observations.

Les rongeurs. — On donne le nom de rongeurs à une foule de petits mammifères qui vivent surtout de fruits et dont les dents postérieures, séparées par un intervalle vide des dents de devant ordinairement très fortes, semblent former par leur ensemble une sorte de lime parfaitement disposée pour user le bois ou broyer les amandes et autres fruits secs. Les marmottes (fig. 175), les lérots, les muscardins, les loirs (fig. 176), qui passent l'hiver à dormir; les écureuils (fig. 183), les hamsters, les campagnols à queue velue, les rats d'eau, voisins des campagnols, les mulots, les rats gris ou surmulots, les rats noirs et les souris sont les rongeurs le plus connus de nos pays. Plusieurs savent se construire une sorte d'habitation : le rat des moissons sait faire un véritable nid. Le hamster, commun en Alsace, se creuse une demeure souterraine dans laquelle il fait une abondante provision de graines et de fourrage. Mais le plus habile architecte parmi les rongeurs est le *castor* (fig. 184), qui construit en Amérique de véritables digues et des cabanes sur pilotis ; on trouve encore en France des castors sur le cours du Rhône ; mais ils se bornent à creuser des terriers.

Le porc-épic (fig. 58), qui habite le midi de l'Europe et le nord de l'Afrique ; la gerboise (fig. 59), dont les pieds de derrière sont démesurément longs et permettent à l'animal de faire des bonds énormes, sont égale-

FIG. 183. — Écureuil commun.

ment des rongeurs. Les lièvres et les lapins forment parmi ces animaux une petite famille à part.

Les rongeurs sont en général redoutés des agriculteurs, dont ils dévorent les récoltes sur pied. Il en est qui, par leur nombre, deviennent un véritable fléau ; les mulots ont pris, par exemple, dans les champs de la Beauce un inquiétant développement ; qui n'a pas eu à se plaindre des déprédations des rats et des souris, ces importuns parasites qui accompagnent l'homme partout où il va, s'accommodant comme lui de tous les climats, s'établissant aussi bien dans la hutte du sauvage que dans les

palais, et partout également indiscrets? Les rongeurs
ne méritent cependant pas tous notre malédiction : ils
fournissent aux chasseurs le gibier le plus recherché :
les lièvres et les lapins en Europe, les *agoutis* en Amérique ; quelques-uns, tels que plusieurs écureuils, les
chinchillas, les *viscaches* de l'Amérique du Sud, sont
recherchés pour la beauté de leur robe ; leur poil est
ordinairement abondant et soyeux et fournit d'élégantes
et chaudes fourrures. Le petit-gris n'est autre chose

Fig. 184. — Castor.

que la peau d'une sorte d'écureuil. Le feutre de nos chapeaux est fait avec du poil de lapin, et le castor (fig. 184),
dont nous aurons plus tard à étudier les remarquables
constructions, fournit à la chapellerie sa matière première la plus estimée.

Les mammifères herbivores. — Avec les rongeurs,
nous commençons la série des mammifères, dont l'alimentation est à peu près exclusivement végétale ; la plupart
d'entre eux préfèrent cependant les graines et les fruits,

aux feuilles et aux jeunes branches qui forment la base
de la nourriture des vrais herbivores. C'est parmi ces
derniers que se trouvent les animaux terrestres de la
plus grande taille. En raison même de leur façon de
vivre, les herbivores sont presque tous des animaux paci-
fiques. Leur pied, essentiellement disposé pour la course,
ne saurait servir à saisir et à déchirer comme celui des
carnivores; les doigts sont souvent peu nombreux, réduits
à deux chez les bœufs, les chèvres (fig. 185, 2), etc., à un

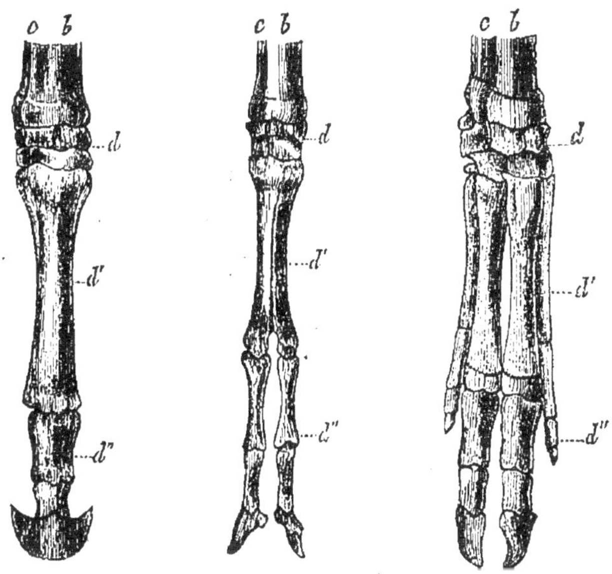

Fig. 185. — Pieds d'herbivores et de porc (cheval, chèvre, cochon).

seul chez le cheval (fig. 185, 1); leurs ongles ne forment
pas de griffes, mais deviennent de longs étuis dans lesquels l'extrémité du doigt est enchâssée et qu'on nomme des
sabots (fig. 185). Enfin les dents, larges et aplaties comme
des meules, sont d'excellents outils pour réduire les feuilles
en bouillie, mais elles seraient totalement incapables
de broyer de la chair. Toutefois les dents à plusieurs
mamelons pointus des porcs et des sangliers peuvent servir à cet usage, et ces animaux se comportent quelquefois

comme des carnassiers. Il est trop souvent arrivé que de jeunes enfants endormis dans leur berceau ont été dévorés par des porcs.

Beaucoup d'herbivores sont d'ailleurs des animaux dangereux quand ils se croient obligés de se défendre : ils possèdent des armes puissantes et parfois une force colossale. Un éléphant, d'un coup de ses longues défenses, éventre un lion ou un tigre. Les hippopotames, qui habitent presque constamment dans l'eau, y courent peu de dangers ; mais ils mettent facilement en pièces avec leurs dents les canots des chasseurs qui les poursuivent de trop près. Les sangliers, les porcs et les animaux voisins qui ont, à chaque pied, comme les hippopotames, quatre doigts semblables deux à deux, et dont les deux doigts du milieu du pied appuient seuls sur le sol, ont aussi presque tous de grandes défenses. On dit de ces animaux qu'ils ont le *pied fourchu*.

Les rhinocéros sont déjà protégés par l'épaisseur de leur peau, sur laquelle les balles viennent s'aplatir ; ils ont en outre sur le nez une ou deux cornes qui sont des armes redoutables. Les tapirs de l'Inde et de l'Amérique, dont le nez s'allonge en une petite trompe, les chevaux, les zèbres, les ânes sont moins bien partagés ; mais leurs ruades et leurs morsures ne sont pas sans danger, même pour les plus gros carnassiers.

Les rhinocéros et les tapirs ont toujours un doigt de leurs pieds plus grand que les autres ; les petits doigts manquent chez le cheval, l'âne, le zèbre et les autres *solipèdes*, où le grand persiste seul. Tous ces animaux ont donc un pied où un doigt prédomine : c'est une disposition bien différente de celle qui nous est offerte par les hippopotames et les sangliers et qui a fait réunir dans une même famille les rhinocéros, les tapirs et les chevaux.

Les ruminants. — Le pied fourchu des sangliers se retrouve dans le groupe le plus nombreux des herbivores, celui auquel nous devons le bœuf, le mouton, la chèvre et

même le chameau et le lama. Tous ces herbivores ont ce
caractère commun que leur mâchoire supérieure manque
des dents de devant. Quand ils ont mangé et qu'ils se
reposent, ils font revenir de leur estomac dans leur bouche
les herbes et les feuilles qu'ils ont avalées, les mâchent
lentement et soigneusement, puis les avalent de nouveau.
Allez dans une bergerie, vous verrez le plus grand
nombre des moutons couchés par terre, les yeux à demi
fermés, les mâchoires sans cesse en mouvement, occupés

FIG. 186. — Chamois.

à recommencer leur repas : c'est là ce qu'on appelle *ru-
miner*. On donne le nom de ruminants à tous les animaux
qui possèdent cette faculté. La girafe, les cerfs, les gazelles, les antilopes et tous les animaux analogues, sont
des ruminants. La plupart ont à leur disposition des
armes dont ils savent admirablement se servir : leur front
est muni de cornes osseuses qui font des plus grands
d'entre eux de terribles adversaires, lorsqu'une attaque
ou une blessure les a mis en fureur.

C'est parmi les ruminants que se classent les plus
agiles coureurs du règne animal : presque tous cherchent

d'abord à échapper par la fuite aux dangers qui les menacent et ne se retournent pour tenir tête à leurs ennemis que lorsqu'ils sont acculés; mais leur force n'est pas toujours une défense suffisante, et c'est dans les troupeaux de gazelles et d'antilopes que les grands carnassiers des pays chauds viennent habituellement chercher leurs victimes.

Beaucoup de ruminants aiment la compagnie de leurs semblables et forment des espèces de sociétés où

Fig. 187. — Bouquetin.

une certaine entente existe pour la défense commune. Les mâles défendent, en général, courageusement la troupe dont ils font partie et qui parfois reconnaît une sorte de chef; certaines espèces savent placer des sentinelles qui les avertissent des moindres dangers. C'est sans doute grâce à cet instinct de sociabilité, joint à la grande douceur des mœurs des ruminants, que l'homme a réussi à rendre à plusieurs espèces absolument domestiques.

Nos seuls ruminants sauvages sont le cerf, le daim,

le chevreuil et, tout à fait au nord de l'Europe, le renne
et l'élan dont les cornes rameuses sont pleines et tombent
chaque année, le chamois ou isard (fig. 186) des Alpes et
des Pyrénées, le saïga des steppes de l'Europe orientale,
qui sont des antilopes ; le bouquetin (fig. 187), voisin
des chèvres, qui habite plus haut encore sur les montagnes que le chamois, et le moufflon de Corse, analogue
sauvage de nos moutons. Un bison énorme, l'aurochs,
autrefois commun, vit encore sauvage dans les forêts de
Lithuanie, où il est défendu de le chasser. Les buffles se
montrent en Grèce et en Italie, où ils ont pu être domes-
tiqués.

Les mammifères marins. — Les mammifères marins,
que nous avons précédemment appris à connaître, ont,
comme les mammifères terrestres, un régime très variable. Quelques-uns sont herbivores : tels sont les lamantins (fig. 38), qui remontent jusque dans les grands
fleuves de l'Amérique du Sud. Les baleines ne peuvent
davantage, malgré leur taille énorme, se nourrir de
chair ; elles n'ont pas de dents. En revanche, leur mâchoire supérieure porte de singulières productions cornées
qu'on nomme *fanons* (fig. 188). Ces fanons sont employés
à la fabrication des baleines, qui jouent un certain rôle
dans la confection de divers vêtements et dans celle des
parapluies. Ils forment une sorte de crible que l'eau
traverse, mais qui retient tous les animaux entraînés par
elle dans la bouche de la baleine. Ces animaux sont ordinairement de petits crustacés, qui se montrent par troupes
innombrables et dont le colosse engloutit des milliers à
chaque bouchée. Les faibles dimensions de son gosier ne
lui permettent pas d'avaler une grosse proie. Les cachalots, les marsouins (fig. 37), les dauphins se nourrissent de poissons, et surtout de calmars. Les poissons forment aussi la base de l'alimentation des phoques, des
morses, des otaries de l'hémisphère austral, dont les
quatre membres sont encore distincts et qui présentent

de nombreuses ressemblances avec les carnassiers terrestres, et notamment avec les ours.

Quelques phoques, de nombreux marsouins et dauphins se trouvent sur nos côtes.

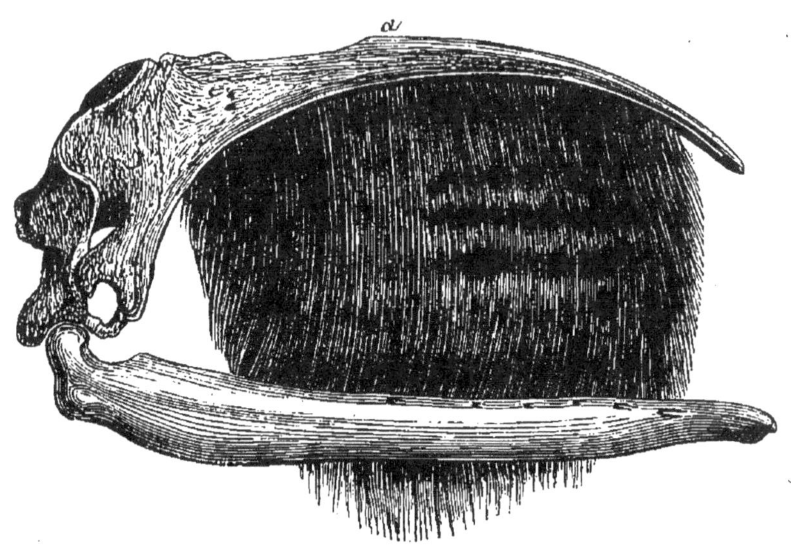

FIG. 188. — Crâne de baleine muni de ses fanons.

Les marsupiaux. — Les marsupiaux habitent l'Australie, la Nouvelle-Guinée et une partie de l'Amérique ; ils ont leurs mamelles enfermées dans une poche ventrale où ils abritent leurs petits, qui naissent dans un état d'imperfection extrème. Ils étaient autrefois les seuls mammifères du globe, comme ils sont encore les seuls mammifères d'Australie. On trouve parmi eux des carnassiers, des insectivores, des rongeurs, qui reproduisent à peu près les caractères des animaux qui forment ces différents groupes parmi les mammifères ordinaires.

L'ornithorhynque et l'échidné. — Les plus singuliers et en même temps les plus inférieurs des mammifères sont l'ornithorhynque et l'échidné, de l'Australie et de la

Nouvelle-Guinée. Ils manquent de dents osseuses et leur bouche est armée d'un bec corné, large comme celui d'un canard chez l'ornithorhynque (fig. 79), plus effilé chez l'échidné (fig. 189). Leurs mamelles sont si singulièrement conformées, si bien cachées, qu'on a cru pendant quelque temps que ces animaux pondaient des

FIG. 189. — Échidné.

œufs, bien qu'ils soient couverts de poils, parmi lesquels se trouvent même des piquants chez l'échidné.

L'ornithorhynque est aquatique, et ses pieds sont palmés comme ceux d'une loutre ; il se nourrit de vers et de mollusques qu'il cherche dans la vase. L'échidné est terrestre et se nourrit d'insectes et, notamment, de fourmis, qu'il prend avec sa langue, couverte d'une humeur visqueuse. On en connaît deux espèces.

TREIZIÈME LEÇON

Les oiseaux jouent peut-être dans la nature un rôle plus considérable que celui des mammifères. Ils sont infiniment plus nombreux et cependant diffèrent moins les uns des autres.

Tandis que les mammifères présentent des variations considérables dans le nombre et la forme de leurs dents, dans le nombre et la disposition de leurs doigts, dans le nombre même de leurs membres ; tandis que les uns ont de longues oreilles, d'autres des oreilles presque imperceptibles ; tandis que les uns trouvent dans leur queue un cinquième membre et que les autres manquent totalement de cet organe ; tandis que chez eux les poils même peuvent disparaître, tous les oiseaux ont un bec et point de dents, presque tous possèdent quatre doigts à leurs pieds ; tous ont deux pattes et deux ailes, tous manquent d'oreille extérieure, tous ont la queue remplacée par un croupion, tous enfin sont couverts de plumes.

Les uns cependant sont carnassiers : les aigles, les vautours (fig. 190), les buses, les faucons, les chouettes et les hiboux en sont autant d'exemples ; d'autres, comme la plupart des oiseaux de mer, vivent de poissons ; d'autres encore, comme les fauvettes, les rossignols, les hirondelles, se nourrissent exclusivement d'insectes ; le plus grand nombre mangent à la fois des insectes, des fruits et des graines : tels sont le plus grand nombre de nos petits oiseaux et même nos oiseaux de basse-cour ; les jeunes oiseaux sont, en général, plus friands d'insectes et particulièrement de chenilles que de graines et de fruits. C'est pourquoi leurs parents, alors même qu'ils déroberaient quelques grains de blé, de millet ou de chènevis, rendent les plus grands services aux cultivateurs en faisant un immense carnage de ces ennemis autrement

Fig. 190. — Vautour fauve.

nombreux et autrement dangereux pour nos moissons : les insectes.

Des lois spéciales protègent ces précieux auxiliaires de l'agriculture, en défendent la destruction, et sont particulièrement sévères pour les maraudeurs qui s'emparent des nids.

Les oiseaux de proie. — Quelques changements dans la forme et la longueur du bec, dans les proportions des pattes, dans la puissance des ongles, l'absence ou la pré-

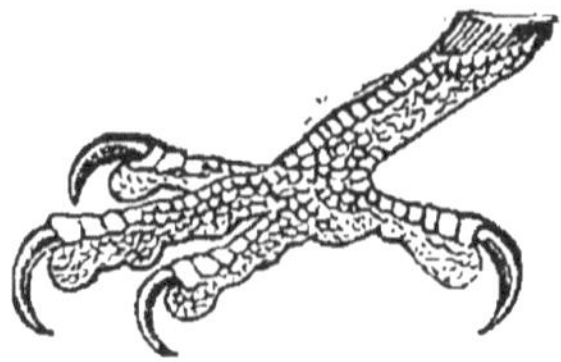

FIG. 191. — Patte d'oiseau de proie.

sence d'un repli de la peau entre les doigts semblent, au premier coup d'œil, suffire pour permettre aux oiseaux de se plier à tous les régimes.

FIG. 192. — Buse commune.

Le bec des oiseaux de proie est fort, tranchant sur les bords, crochu à l'extrémité en même temps que leurs griffes sont aiguës, grandes, recourbées, habiles à saisir et méritent ainsi le nom de *serres* (fig. 191). Leur vol est en même temps des plus hardis : le condor, qu'on appelle aussi le *roi des vautours* et qui habite les hautes montagnes de l'Amérique, a été vu à 9 000 mètres d'altitude.

On trouve dans nos hautes montagnes des aigles, des vautours (fig. 190), des gypaètes ou vautours des agneaux : ce sont les plus grands de nos rapaces diurnes ; après eux viennent les buses (fig. 192), les milans, les autours, les éperviers, les faucons. Le grand-duc, reconnaissable aux deux aigrettes de plumes qui surmontent sa tête comme deux oreilles de chat, est, après l'aigle, avec qui il accepte le combat, un de nos plus grands oiseaux ; les hiboux (fig. 40), les chouettes, les effraies (fig. 42) sont, comme lui, des rapaces nocturnes que l'on pourchasse à tort, car ils emploient leurs nuits à détruire les rats et les mulots qui infestent nos champs.

Les passereaux ou petits oiseaux chanteurs. — La foule des petits oiseaux chanteurs, les êtres les plus gracieux de nos climats, forme deux phalanges qui se touchent, du reste, par bien des points.

Beaucoup de ces charmants animaux sont des carnassiers au petit pied, qui se nourrissent surtout d'insectes, vont souvent jusqu'à dévorer des oiseaux plus petits qu'eux, mais ne dédaignent pas non plus les fruits mous, tels que les cerises, les prunes et autres baies ; d'autres mangent surtout des graines sèches, millet, chènevis, blé noir, etc., mais assaisonnent aussi cette nourriture un peu sévère de chenilles, de mouches et autres menus insectes. Ils en détruisent surtout beaucoup à l'époque où ils élèvent leurs petits et préfèrent pour eux cette nourriture plus substantielle. Aussi sont-ils pour l'agriculture des auxiliaires presque aussi utiles que les premiers.

Les oiseaux insectivores ont un bec de forme assez va-

riable : tantôt long et mince, comme celui des huppes
(fig. 193), des grimpereaux, qui rappellent de loin les

FIG. 193. — Huppe.

colibris ; tantôt court et largement fendu, comme chez les
hirondelles (fig. 211), les martinets, les engoulevents,

FIG. 194. — Bergeronnette.

sortes de grosses hirondelles de nuit ; tantôt droit, de
longueur moyenne et pointue, ce qui a valu le nom de

becs-fins aux rossignols, aux rouges-gorges, aux berge-ronnettes (fig. 194) ou hoche-queue, aux fauvettes et aux roitelets. Ces derniers sont les plus petits oiseaux de notre climat; vifs, remuants, on les reconnaît à leur queue courte et dressée, à leur tête surmontée d'une élégante huppe jaune. Beaucoup de becs-fins comptent parmi nos plus agréables chanteurs. Les grives, les merles, beaucoup plus gros, partagent leurs facultés musicales. Les mésanges, aux vives couleurs, quoique se contentant d'ordinaire de noix et de fruits analogues, abusent quel-

Fig 195. — Pie-grièche écorcheur.

quefois de la force de leur petit bec pour dévorer la cervelle des jeunes oiseaux; les pies-grièches (fig. 195), qui ne chantent pas, sont plus carnassières encore et mériteraient presque le titre d'oiseaux de proie; les étourneaux, au plumage bronzé, et les loriots, habillés de noir et de jaune, ont des mœurs plus douces; mais avec les pies (fig. 196), les geais et les corbeaux, nous retrouvons une bande de déprédateurs qui ne méritent, de la part des agriculteurs, qu'une confiance très mitigée.

Les insectes disparaissant chez nous pendant l'hiver, beaucoup d'oiseaux insectivores sont naturellement des

Fig. 196. — Pic.

Fig. 197. — Alouette commune.

oiseaux voyageurs : les huppes, les hirondelles, les rossignols, les loriots, etc., ne passent, en effet, que la belle saison dans nos pays; ils y nichent et, aux premiers froids, vont chercher fortune ailleurs.

Les petits oiseaux qui se nourrissent essentiellement de graines se reconnaissent à leur bec, gros à la base, pointu au sommet, ayant par conséquent la forme d'un cône; aussi les appelle-t-on souvent des *conirostres*, nom que mériteraient aussi quelques-uns des précédents. Vous les connaissez tous: ce sont les alouettes (fig. 197), qui ne perchent pas et dont l'ongle postérieur, tout droit, s'allonge démesurément; les bruants, les pinsons, les linottes, les tarins, les chardonnerets, au plumage si élégamment coloré, les bouvreuils, les serins des Canaries, les becs-croisés et bien d'autres encore que l'on conserve souvent en cage, à cause de leur élégance, de leurs belles couleurs, de leur chant et aussi de la facilité avec laquelle on les nourrit. On arrive même à faire pondre plusieurs d'entre eux en captivité.

Les échassiers. — Les oiseaux les plus extraordinaires sont ceux qui se nourrissent de poissons ou de petits animaux aquatiques et qui sont forcés par cela même de séjourner sur le bord des eaux ou même de s'aventurer à leur surface, à la poursuite de leur gibier de prédilection. Les uns semblent construits de manière à ne toucher à l'eau que le moins possible. Leur corps est maintenu hors du liquide par de longues pattes semblables à des échasses et leur *long bec, emmanché d'un long cou*, fouille la vase et s'empare des grenouilles et des poissons sans que les plumes de l'oiseau aient à se mouiller. Les cigognes (fig. 198), les grues, les hérons appartiennent par excellence au groupe de ces oiseaux *échassiers*, auquel se rattachent encore, quoique leurs proportions soient moins frappantes, les poules d'eau, les râles, les vanneaux (fig. 199), les bécassines et les bécasses (fig. 200), qui cessent d'ailleurs de fréquenter les rivages. Le bec de ceux de ces oiseaux qui se nourrissent surtout de poissons et de grenouilles est long, pointu; ses deux mandibules sont fortes et tranchantes ; tout en demeurant très allongé, il s'amincit et devient beaucoup plus faible chez la bécasse, la bécassine, etc., qui ne vivent que de vers de terre et de petits animaux ; il est à peine plus long que la tête chez les poules d'eau et les

FIG. 198. — Cigogne.

outardes (fig. 201), dont une espèce est l'oiseau le plus grand d'Europe. Presque tous les échassiers volent admirablement ; leurs jambes allongées en arrière, leur cou tendu leur donne alors une physionomie à part ; ils entreprennent, à certaines époques régulières, de grands voyages que l'on nomme des *migrations*. Ils volent en

Fig. 199. — Vanneau.

Fig. 200. — Bécasse.

troupes nombreuses, principalement la nuit et se disposent suivant un ordre déterminé. Ce sont, en un mot, des oiseaux de passage : ils fuient les climats trop rigoureux du Nord pour venir s'établir dans le Midi, où la douceur de la température leur permet de nicher; ils regagnent le Nord lorsque les grands froids sont passés.

Quelques-uns ont, à la façon des canards, une mem-

FIG. 201. — Outarde canepétière.

brane tendue entre leurs doigts. Les plus singuliers sont les *flamants* (fig. 202), des côtes de Provence et des pays chauds, très hauts sur pattes, au plumage blanc et rose, au bec énorme et brusquement courbé vers le milieu, comme s'il avait été cassé.

Si étonnant que soit ce bec, il l'est peut-être moins que celui de la *spatule*, dont les deux mandibules sont larges, plates, arrondies au bout, légèrement rétrécies vers le milieu de leur longueur et rappellent un peu l'ustensile de ménage dont l'oiseau porte le nom. On

connaît deux espèces de spatules, l'une blanche et l'autre
d'un rose magnifique.

FIG. 202. — Flamant.

Les oiseaux aquatiques ou palmipèdes. — Les échas-
siers aux pieds palmés nous conduisent aux *palmipèdes*,
qui sont les plus aquatiques de tous les oiseaux. Leur
nombre est immense et leurs formes présentent une
étonnante variété. On trouve parmi eux des oiseaux pour
qui toute nourriture est bonne et qui vivent indifféremment, comme nos cygnes, nos oies et nos canards, de
mollusques, de vers, d'herbes ou même de déchets de
cuisine. Leur bec est large et aplati et leur sert à cher-

cher dans la vase les petits animaux qui peuvent s'y cacher. D'autres, comme les *mouettes* et les *goélands* (fig. 34), jouent sur le bord de la mer le rôle qui revient aux corbeaux dans nos campagnes. Ils se repaissent de tout ce que le flot abandonne d'animaux morts lorsqu'il se retire. D'autres sont plus carnassiers encore, et si les mouettes peuvent être comparées aux corbeaux sous le rapport de leurs mœurs, les *albatros* et les *pétrels* peuvent être considérés comme de véritables oiseaux de

FIG. 203. — Pélican.

proie. Leur bec allongé se termine par un énorme crochet parfaitement disposé pour déchirer la chair. Les albatros, à ventre blanc et à manteau noir, sont les plus gros oiseaux marins; leurs ailes peuvent atteindre jusqu'à cinq mètres d'envergure. Ils aiment à suivre le sillage des navires et dévorent tout ce qu'abandonne le bâtiment; on en a vu attaquer même des hommes accidentellement tombés à la mer. Les *pétrels*, beaucoup plus petits, sont désignés par les matelots sous le nom d'*oiseaux des tempêtes* ; ils volent par les vents les plus furieux et on les voit souvent, rasant la surface des flots, battre la mer de leurs pieds comme s'ils marchaient sur les vagues. De là leur nom de pétrels ou d'oiseaux de saint Pierre, qui rappelle l'épisode de saint Pierre marchant sur les eaux du lac Tibériade durant une tempête.

Tous ces oiseaux ont un vol rapide et soutenu et sont d'habiles nageurs, mais ils sont encore surpassés sous ce double rapport par les *frégates*, les *fous* et les *pélicans* (fig. 203). Ces palmipèdes sont de tous les oiseaux ceux qui ont les plus longues ailes ; la longueur de leurs ailes les gêne même pour prendre leur essor, et les fous, lorsqu'ils sont surpris à terre, se laissent tuer à coups de bâton sans chercher à faire, pour s'envoler, des tentatives qu'ils savent d'avance devoir être infructueuses. Tandis que chez les autres palmipèdes les trois doigts de devant sont seuls unis par la peau, le doigt de derrière est chez eux uni aux autres par une membrane, de sorte que le pied constitue une nageoire bien plus parfaite.

Le *pélican* joint à ces particularités celle d'avoir sous son énorme bec une large poche dans laquelle il emmagasine les poissons qu'il vient de pêcher, en attendant qu'il trouve le temps de les avaler.

Quelques palmipèdes, choisis parmi les plus hardis, ont pu être dressés à pêcher pour le service de l'homme. Le *cormoran* (fig. 204) est employé à cet usage au Japon.

Les pingouins, les manchots, mauvais marcheurs, incapables de voler, font un singulier contraste avec ces oiseaux au vol rapide, qu'ils surpassent en revanche à la nage lorsqu'ils se servent à la fois de leurs pieds et de leurs courtes ailes pour progresser dans l'eau.

Tous ces oiseaux de mer sont extrêmements abondants dans certaines îles désertes ou peu fréquentées ; ils y viennent par millions pour dormir et y séjourner pour nicher ; la récolte de leurs œufs est une des plus grandes

ressources des pêcheurs dans les îles froides, telles que
que le Féroë ; les excréments des oiseaux de mer accu-
mulés sur plusieurs îles de l'hémisphère austral forment
un engrais d'une puissance remarquable, le *guano*. Les
couches de guano ont quelquefois jusqu'à 90 mètres d'é-
paisseur.

FIG. 204. — Cormoran.

Les gallinacés. — Les coqs et les poules, qui partagent
avec les canards les honneurs de nos basses-cours, se
distinguent par leur bec, assez fortement recourbé, leurs
pattes solides, dont les doigts charnus sont terminés par
des ongles plats, leurs ailes courtes et arrondies. Un assez
grand nombre d'oiseaux de nos pays présentent des caractères analogues ; on dit que ce sont des *gallinacés* (du
latin *gallus*, coq). Les gallinacés vivent de graines et
d'insectes : ce sont des oiseaux lourds, qui volent difficilement et qui sont particulièrement recherchés à cause
de leur chair tendre et savoureuse.

Le dindon, originaire d'Amérique, oiseau superbe dans
son pays natal (fig. 205); le paon, qui nous vient de

|Fig. 205. — Dindon sauvage.

l'Asie et qui est l'un des oiseaux les plus magnifiques;
les faisans, qui comptent également parmi les plus beaux
oiseaux; les pintades, les tétras ou coqs de bruyère

(fig. 206), les perdrix, les cailles sont des gallinacés. Vous reconnaissez dans cette liste le gibier ordinaire de nos chasseurs.

FIG. 206. — Grand coq de bruyère.

Bien que les cailles ne soient pas beaucoup mieux partagées sous le rapport du vol que les oiseaux voisins, elles entreprennent cependant de fort longs voyages : elles passent l'hiver en Egypte et dans quelques autres contrées de l'Afrique et reviennent au printemps. Dans ce trajet, elles ont dû traverser deux fois la Méditerranée. A leur arrivée en Europe, elles sont tellement fatiguées qu'en Grèce et dans plusieurs îles de l'Archipel, où elles arrivent par bandes immenses, on s'en empare sans aucune difficulté; on les sale et on les envoie par barils dans les autres contrées de l'Europe.

Les lagopèdes ou perdrix de neige (fig. 49) sont remarquables par leurs couleurs tirant sur le blanc et par leurs pattes, qui sont entièrement couvertes de fines plumes jusqu'au bout des ongles; la face inférieure des doigts en est aussi bien garnie que la supérieure.

Les pigeons. — Les pigeons ressemblent à beaucoup d'égards aux gallinacés, mais ils s'en distinguent par la puissance de leur vol. Nous avons vu que leurs petits, au lieu de venir au monde déjà vifs et alertes, comme les poulets, étaient au contraire d'une extrême faiblesse. Il existe en divers pays beaucoup d'espèces de pigeons sauvages et quelques-unes ont un plumage d'une grande magnificence. Nous avons deux pigeons indigènes, le *ramier*, demeuré sauvage, et le *biset*, depuis longtemps réduit en domesticité et dont les éleveurs ont obtenu des races innombrables. Nous devons une profonde reconnaissance à l'une de ces races, celle du *pigeon voyageur* (fig. 207). Ces pigeons furent pendant toute la période du siège de Paris le seul moyen de communication entre la province et la capitale, bloquée par les Prussiens. Ils possèdent, comme beaucoup d'oiseaux, la singulière faculté de savoir s'orienter; ils retournent sans hésitation au colombier qui les a vus naître ou qui contient leur couvée, quelle que soit la distance à laquelle on les ait transportés, alors même que ce transport a eu lieu dans des paniers clos, de façon que le pigeon n'ait pu voir la route qu'il a parcourue. Comment l'animal reconnaît-il le chemin qu'il doit prendre? On l'ignore encore. Ce qui est certain, c'est qu'il le reconnaît. Toutefois cette faculté n'est pas égale pour tous. Sur trois cent soixante-trois pigeons emportés de Paris pendant le siège, cinquante-sept seulement y sont revenus. Mais il faut faire ici la part des mauvaises conditions dans lesquelles les pauvres volatiles étaient placés. Plusieurs furent tués avant d'avoir pu rentrer au colombier ; le froid exceptionnel de l'hiver paralysa les facultés de beaucoup d'autres, car le nombre des pigeons qui revinrent alla en diminuant à mesure que la température baissa. L'un de ces messagers ne mit pas plus de douze heures pour aller de Poitiers à Paris.

Le pigeon voyageur n'est cependant pas un oiseau exceptionnel sous ce rapport. Les faucons et les oiseaux de mer à grandes ailes ont encore un vol plus puissant.

FIG. 207. — Pigeon voyageur portant une dépêche attachée à sa queue.

D'après le naturaliste Audubon, le pigeon voyageur américain serait en état de parcourir un kilomètre et demi par minute et de faire par conséquent vingt-cinq lieues à l'heure. C'est la vitesse d'un train rapide.

Les *tourterelles*, plus petites que les pigeons, ne doivent pas être oubliées ; elles sont devenues proverbiales à cause de la douceur de leurs mœurs.

Les perroquets. — Les perroquets, outre la physio-

nomie particulière que leur donne leur bec fort et recourbé dès la base, ont les pieds singulièrement construits. Tandis que la plupart des oiseaux ont trois doigts
dirigés en avant et un en arrière, les quatre doigts des
perroquets sont dirigés deux en avant, deux en arrière,
et l'animal s'en sert avec une grande adresse pour saisir
les objets et les porter à sa bouche. Les perroquets,
ce qui est encore exceptionnel, s'aident de leur bec
crochu pour grimper sur les branches des arbres, et leur

Fig. 208. — Perroquet.

langue molle et épaisse leur permet d'articuler des
syllabes mieux que ne le font la plupart des autres
oiseaux dont la langue est mince et peu mobile. Aussi,
doués d'un instinct d'imitation fort rare, apprennent-
ils facilement à parler. Ils savent prononcer les phrases
qu'ils entendent habituellement dans les circonstances
mêmes où on les dit d'ordinaire ; de là un certain à
propos, qui fait supposer à quelques personnes qu'ils

comprennent parfaitement ce qu'ils disent et seraient en état de soutenir une petite conversation. C'est là sans doute une exagération, mais les perroquets n'en sont pas moins fort intelligents, et ils méritent parmi les oiseaux une place correspondante à celle qu'on attribue aux singes parmi les mammifères. Les espèces les mieux douées sont le *perroquet gris* ou *jaco*, le *perroquet vert* et les perruches. Les *aras*, remarquables par leur longue queue et leurs splendides couleurs, les *kakatoès* blancs à huppe jaune (fig. 208), sont de fort beaux oiseaux de volière, mais ne peuvent apprendre à parler.

Comme les aigles, les corbeaux et quelques autres oiseaux, les perroquets ont une longévité remarquable. On en a vu vivre plus de cent dix ans. On ne les trouve à l'état sauvage que dans les parties chaudes de l'Afrique, de l'Asie et du Nouveau-Monde; en Europe, où ils vivent cependant longtemps en captivité, quelques espèces de perruches arrivent seules à se reproduire.

Les grimpeurs. — Un certain nombre d'oiseaux de nos pays, différents, du reste, des perroquets sous bien

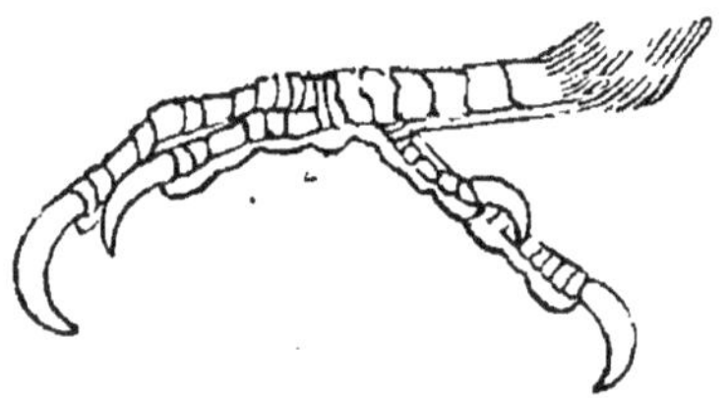

Fig. 209. — Patte de grimpeur.

des rapports, ont des pieds exactement construits comme les leurs (fig. 209). Tels sont les *pics*, oiseaux insectivores aux couleurs vives, dont une espèce, le *pic-vert* (fig. 210), est très commun dans les pays boisés; tel est encore le *coucou*. Plusieurs de ces oiseaux grimpent avec une remarquable agilité, en s'aidant de leur queue, le long des troncs des arbres; cette habitude, constante chez quelques-uns, a fait donner le nom de *grimpeurs* à tous les oiseaux qui ont les pieds conformés comme les perroquets. C'est parmi les grimpeurs que viennent se ranger les *toucans*, oiseaux extraordinaires de l'Amé-

FIG. 210. — Pic-vert.

rique du Sud, qui attirent l'attention par leur magnifique plumage, et par un bec tellement énorme que l'on aurait peine à concevoir comment l'animal peut le porter s'il n'était absolument creux.

Fabrication des nids. — Presque tous les oiseaux prodiguent les plus tendres soins à leur progéniture. Ils dépassent sous ce rapport les mammifères, qui nous offrent cependant de si nombreux exemples d'amour maternel.

Les œufs des oiseaux ne peuvent se développer que s'ils sont maintenus à une douce température, égale à celle du corps de l'oiseau lui-même. Moins de chaleur enraie leur développement, plus de chaleur tue le jeune oiseau. On a imaginé, pour faire développer les œufs sans le secours des parents, de les placer dans des étuves chauffées au gaz ou par un courant d'eau chaude, et maintenues à une température constante ; ces appareils, qui ont rendu quelques services aux éleveurs et aux savants, portent le nom de *couveuses artificielles*.

Les oiseaux trouvent en eux-mêmes les moyens de fournir à l'œuf la quantité exacte de chaleur qui lui est nécessaire. Ils construisent un petit édifice, le nid, dans lequel ils pondent et s'astreignent durant de longs jours

FIG. 211. — Salangane et son nid.

à demeurer sur les œufs, qu'ils réchauffent sous leur poitrine. Ce sont souvent les femelles qui prennent sur elles la lourde tâche de *couver* les œufs ; le mâle se consacre alors exclusivement à la recherche de la nourriture et se fait le pourvoyeur de la famille ; mais dans beaucoup d'espèces le mâle et la femelle se partagent le soin de faire éclore les petits et de les élever jusqu'au moment où, les plumes ayant poussé, tout ce petit monde ailé prend son essor. Rien n'égale l'assiduité avec laquelle ils s'acquittent de ce devoir ; rien n'égale le courage qu'ils déploient pour défendre leur progéniture. Des oiseaux relativement faibles ne redoutent pas alors de combattre contre l'homme lui-même ; on a vu des cigognes dont le nid était menacé par un incendie faire d'abord tous leurs efforts pour le sauver et, après avoir tout essayé, se laisser bravement brûler sur leurs petits plutôt que de les abandonner.

Le mâle et la femelle concourent à la fabrication du nid, dont la forme et les dimensions varient avec chaque espèce. En général, dans une même contrée, une même espèce d'oiseaux construit son nid de la même façon et emploie à cet usage les matériaux que ses habitudes mettent le plus ordinairement à sa portée. La plupart des petits oiseaux se servent de la mousse qu'ils trouvent à terre ou sur le tronc des arbres ; l'alouette emploie des herbes sèches de plus en plus fines à mesure qu'on approche de l'intérieur du nid ; l'hirondelle fait son nid à l'aide d'un véritable mortier d'argile et de boue qu'elle recueille sur les bords des étangs et qu'elle pétrit dans son bec ; une espèce, la salangane, recueille diverses algues marines, les englue de sa salive, arrive à leur donner une consistance gélatineuse et construit de la sorte un nid qu'elle colle aux rochers et qui fournit aux tables des Chinois un aliment recherché ; on le mange dans le potage comme le tapioca. Un de nos plus jolis oiseaux, le martin-pêcheur, au dos bleu, au ventre orangé (fig. 212), entrelace les arêtes des poissons dont il a dévoré la chair ; enfin, la plupart des gros oiseaux, les pigeons, la pie, les échassiers, les oiseaux de proie, préfèrent comme matériaux de construction des branchages, qu'ils entassent fort habilement de manière à donner à leur ensemble une grande solidité. Mais ces matériaux peuvent varier dans une certaine mesure. La perfection du nid est naturellement proportionnée à la petitesse de l'animal qui doit y pondre, à son agilité, à la finesse de son bec, à l'adresse avec laquelle il peut, avec ses pattes, saisir de menus objets ; enfin, à la délicatesse des matériaux que chaque espèce trouve à sa portée. Les nids du roitelet, de la mésange (fig. 213) du chardonneret sont de petites merveilles, tant leurs parois sont habilement tressées et tant est douce et chaude la cavité dans laquelle doivent reposer les petits.

Au contraire, les oiseaux aux mouvements gauches,

FIG. 212. — Martin-pêcheur.

ceux qui ne peuvent rien saisir avec leurs pattes, ceux dont le bec est gros, ne construisent que des nids imparfaits ou même n'en font pas du tout. L'engoulevent pond ses œufs à nu sur la terre, sur une branche, sur une planche ou à la surface du tronc coupé d'un arbre ; les perroquets pondent les leurs dans des trous ou dans des fourmilières abandonnées, qu'ils peuvent facilement creuser ; plusieurs oiseaux de mer déposent les leurs sur le sable ou dans les anfractuosités des rochers.

Fig. 213. — Nid de Mésange à longue queue.

La plupart des oiseaux font un nid à chaque saison ; chaque ponte est abritée dans une construction nouvelle ; mais il en est qui, plus sédentaires ou plus paresseux, utilisent toujours le même édifice, qu'ils se bornent à réparer ou à entretenir. Tels sont les aigles et un certain nombre d'oiseaux de proie dont les aires, composées de bûchettes grossièrement entre-croisées, sont entourées des ossements de tous les animaux qui ont servi de pâture au couple et à ses petits. On a vu un couple d'aigles habiter plus de cinquante ans le même nid. Les alentours de leur demeure étaient devenues un véritable ossuaire.

Les oiseaux passent pour n'avoir pas besoin d'apprendre à édifier leur nid. Ils apportent, croit-on, en naissant, leur merveilleuse science d'architectes. Ils construisent leur nid et le font parfait sans savoir au juste ce qu'ils font, sans raisonner, poussés par une force intérieure à laquelle ils ne peuvent se soustraire et qu'on nomme l'*instinct*. Ils agiraient comme ces somnambules qu'on a vus peindre, écrire et faire, sans s'en douter, des choses plus difficiles encore ; ils travailleraient comme dans un rêve.

Il y a là de l'exagération et les oiseaux déploient souvent une incontestable intelligence à la fabrication du berceau de leurs petits.

La forme des nids est quelquefois modifiée, au gré de chaque individu, suivant certaines circonstances. Le moineau fait un nid très soigné et couvert quand il l'établit sur un arbre ; son nid est, au contraire, grossier quand il le fait dans quelque trou où il se trouve abrité de tous côtés. On a pu constater que les hirondelles qui nichent dans les quartiers neufs de la ville de Rouen faisaient des nids différents de ceux qu'on trouve dans les vieux quartiers.

Dans bien des cas cependant la science native de l'oiseau dépasse celle qu'il aurait pu acquérir personnellement.

Les autruches, qui habitent les déserts brûlants de l'Afrique, creusent leurs nids dans le sable et il est commun à plusieurs femelles. Elles se dispensent de couver pendant le jour, comme si elles savaient que la chaleur du soleil sera suffisante pour assurer le développement de leurs œufs ; mais la nuit, quand la température s'abaisse, chaque femelle vient se poser un certain temps sur le nid et les mâles ont aussi leur tour de garde.

Des oiseaux d'Australie, les mégapodes et les talégalles, ont une science plus grande encore. Vous savez déjà que ces oiseaux entassent sur le sol une quantité prodigieuse, pour leur taille, d'herbes et de feuilles, que les mégapodes entourent encore d'une muraille de terre et de pierre. Ces nids peuvent avoir plus de 3 mètres de hauteur et 10 mètres de diamètre. Plusieurs oiseaux s'associent pour les construire et déposent leurs œufs à un mètre environ au-dessous de la surface. On en trouve quelquefois plus de cent dans le même nid. Les œufs une fois pondus, l'oiseau n'a plus à s'en occuper. Les herbes amoncelées par le mégapode ou le talégalle fermentent et la chaleur qu'elles dégagent suffit pour mener à bien le développement des œufs. Le jeune oiseau sort de l'œuf, nous l'avons déjà vu, pourvu de plumes et en état de voler.

D'autres preuves de sagacité instinctive sont encore données par les oiseaux. On a remarqué qu'un grand nombre de ceux dont les femelles ont des couleurs qui les rendent faciles à distinguer de loin nichent dans des trous ou construisent des nids couverts dans lesquels on ne peut pénétrer que par un étroit orifice. La femelle est cachée pendant qu'elle couve et peut échapper aux regards des animaux carnassiers. La pie se construit ainsi un nid couvert. Ces nids couverts ont d'ailleurs bien d'autres avantages. La couvée qu'ils contiennent est mieux protégée contre le froid, contre la pluie, contre le vent, contre la dent des carnassiers : aussi beaucoup d'oiseaux aux couleurs ternes et peu voyantes s'astreignent-ils à en fabriquer. Les nids du troglodyte (fig. 214), l'un de nos

plus petits oiseaux, ceux de certaines mésanges (fig. 216),
sont admirables dans ce genre; ils sont cependant sur-

FIG. 214. — Nid de troglodyte d'Europe.

passés par ceux des cassiques, oiseaux de l'Amérique du
Sud, qui savent en outre revêtir de coton l'intérieur du

FIG. 215. — Nid de tisserin à tête jaune.

leur, ou le construisent même tout entier de cette moel-
leuse substance.

Ces nids merveilleux sont souvent suspendus à l'extrémité d'une branche flexible comme ceux des tisserins
(fig. 215) ; ou bien leur ouverture est située vers le bas,
comme chez ceux de la mésange rémiz (fig. 216) et l'oiseau n'y peut entrer qu'en volant, disposition admirablement propre à rendre le nid inaccessible aux belettes,
aux écureuils et aux serpents.

Citons, parmi les nids les plus remarquables, celui

FIG. 216. — Nid de mésange rémiz.

d'une jolie mésange du cap de Bonne-Espérance. Il est en
forme de bouteille et près du goulot se trouve tissée une
sorte de coupe dans laquelle le mâle s'établit pour tenir
compagnie à la femelle pendant qu'elle couve ses œufs.

Quoique découverts, les nids de notre roitelet et celui
de notre chardonneret (fig. 217) méritent une mention
pour l'habileté avec laquelle ils sont tissés.

Le calao protège sa famille d'une autre façon : pendant la période de la couvée, il mure complètement le trou où la femelle est établie, laissant seulement une étroite ouverture par laquelle il porte de la nourriture à la recluse et à ses enfants.

Plusieurs oiseaux ne craignent pas, pour mettre leur nid à l'abri, de creuser de longs souterrains : le martin-pêcheur est de ce nombre. D'autres l'isolent au milieu

Fig. 217. — Nid de chardonneret.

des eaux, à l'abri des atteintes des animaux terrestres. Certains roitelets, une fauvette, établissent le leur le long de la tige des roseaux. Le grèbe-castagneux construit un véritable radeau flottant qui le porte lui et sa famille. S'il redoute un danger, il sort une de ses pattes, se met à ramer et emporte ainsi sa progéniture loin de l'endroit où la sécurité ne lui avait pas semblé suffisante. La plupart des oiseaux au vol puissant se bornent à s'établir dans des endroits que leur hauteur leur paraît devoir rendre inaccessibles. Les cigognes affectionnent le haut des cheminées, les grues s'établissent parfois au sommet des colonnes des temples en ruine de l'Egypte.

Beaucoup d'oiseaux qui ne se mettent pas tant en

peine de placer leur nid hors de tout danger n'en sont pas moins de remarquables artistes.

Le flamant, que ses longues jambes gêneraient pour couver, construit un cône de terre tronqué et creux au sommet. Il dépose ses œufs dans le creux, qui est juste à

Fig. 218. — Loriot et son nid.

la hauteur de son corps. Une espèce de grimpereau d'Amérique a mérité le nom de *fournier*, parce qu'il construit avec de la terre glaise un nid qui a exactement la forme d'un four.

Le nid du loriot (fig. 218), bel oiseau jaune et noir de nos pays, est toujours suspendu entre deux petites branches

horizontales formant la fourche. Il est le plus souvent
cousu aux deux branches à l'aide de brins de laine ou de
ficelles, que, par un singulier instinct, l'oiseau trouve
toujours moyen de se procurer. Plusieurs autres oiseaux
étrangers établissent leur nid dans les mêmes conditions.
Une fauvette de l'Inde, la fauvette couturière, est plus étonnante encore : elle cherche dans un arbre quelques
feuilles solides et à peu près verticales, les coud ensemble
à l'aide d'un fil de coton qu'elle a préparé elle-même au
moyen de son bec et de ses pattes et en forme une sorte

Fig. 219. — Nid de républicain.

de tuyau dans lequel elle établit son nid, parfaitement
caché par la verdure qui l'entoure (fig. 220).

Ordinairement, à l'époque de la ponte, chaque couple
s'établit isolément, mais il est, au contraire, des oiseaux
qui recherchent la société de leurs semblables. Les répu-
blicains s'associent au nombre de cinq ou six cents pour fabriquer un vaste parasol (fig. 219) sous lequel ils abritent
leur nid. Les pingouins s'associent de même, mais en
nombre moindre, et construisent une sorte de ville ayant
ses murailles et ses portes, divisée en quartiers séparés
par des murs, et où chaque famille possède son nid.

FIG. 220. — Nid de Fauvette couturière.

Quelquefois des albatros ou d'autres oiseaux viennent leur demander asile et, une fois acceptés, reçoivent la plus cordiale hospitalité.

C'est une hospitalité forcée que se fait accorder le coucou de nos campagnes. Ce bizarre oiseau ne construit pas de nids et ne se soucie pas davantage d'élever ses petits. Il pond où il se trouve, puis emporte son œuf dans sa gorge, choisit un nid bien chaud, bien douillet, assez souvent celui d'un roitelet, et y dépose son fardeau. Il continue le même manège, éparpillant ainsi sa famille, jusqu'à ce que sa ponte soit épuisée. Le jeune coucou, à peine né, n'a rien de plus pressé que de s'assurer exclusivement les soins de ses parents adoptifs. Il charge sur ses épaules leurs petits, les jette par-dessus bord et demeure seul dans le nid usurpé.

Certains oiseaux ne bornent pas leur industrie à construire des nids. Les chlamydères d'Australie, de la taille d'une perdrix, se construisent de véritables maisons de plaisance. Ce sont des espèces d'allées ayant plus d'un mètre de long, formées de branchages régulièrement implantés dans des pierres accumulées par nos petits architectes pour servir de fondation. A ces branchages sont suspendus tous les objets légers et vivement colorés que le chlamydère peut se procurer ; les objets plus lourds, os blanchis, coquilles nacrées, morceaux brillants de métal sont rassemblés autour de la maison pour lui servir d'ornement. On est sûr de retrouver dans ces bizarres palais les outils, les bijoux ou les autres objets ayant de l'éclat qui sont perdus dans leur voisinage.

Combien d'autres preuves d'intelligence et de goût on pourrait trouver dans ce monde des oiseaux où la grâce de la forme, la beauté des couleurs, le charme de la voix suffisent déjà à exciter notre admiration !

QUATORZIÈME LEÇON

Nous voici dans un monde moins élégant que celui
que nous venons de quitter, mais qui ne manque cependant pas d'intérêt, et avec lequel vous ne serez sans doute
pas fâchés tout à l'heure d'avoir fait connaissance.

Vous savez déjà que les serpents, les tortues et les
lézards sont des reptiles, que les grenouilles sont des
batraciens et quant aux poissons, il y a bien longtemps
que la signification de leur nom vous est connue. Examinons successivement les plus remarquables des animaux
qui composent ces trois groupes.

Les reptiles : serpents, tortues, lézards. — Les reptiles
ne méritent pas tous la répulsion qu'ils inspirent. Si
quelques-uns sont redoutables et d'un aspect désagréable,
beaucoup, surtout parmi les lézards, ont des formes gracieuses, de belles couleurs et une remarquable agilité.
Ceux d'entre vous qui ont cherché à saisir le *lézard gris*
des murailles savent combien il échappe facilement à la
main qui croit le prendre sans effort. C'est là d'ailleurs
un être complètement inoffensif.

Les tortues (fig. 224), qui comptent cependant parmi
les reptiles les plus parfaits, ne partagent pas cette
vivacité. Comme les autres reptiles, elles s'engourdissent
pendant l'hiver, mais pendant les plus fortes chaleurs de
l'été elles n'en conservent pas moins dans leurs mouvements une lenteur qui est devenue justement prover-

biale. Les tortues auraient sans doute disparu depuis longtemps de la surface du globe si elles n'étaient protégées par le développement sur leur peau d'épaisses plaques écailleuses. Ces plaques, grandes, osseuses, très résistantes, forment une espèce de boîte divisée en deux parties, l'une dorsale, la *carapace*, l'autre ventrale, le *bouclier*, entre lesquelles l'animal peut retirer sa tête, ses pattes et même sa queue. Quelquefois de petites plaques solides peuvent fermer l'ouverture des cavités dans les-

Fig. 221. — Tortue mauresque.

quelles ces parties du corps se sont abritées. La plupart des côtes et des vertèbres sont soudées avec la carapace.

Les tortues n'ont point de dents ; leurs mâchoires supportent une sorte de bec qui ressemble à celui des oiseaux. Il y a des tortues terrestres et des tortues aquatiques ; plusieurs sont exclusivement marines, mais toutes viennent à terre pendant la nuit pour déposer leurs œufs, qui sont enfermés dans une coquille calcaire, ressemblent à des œufs d'oiseaux et sont d'un goût délicat. On profite

du moment où les tortues retournent à la mer pour leur
donner la chasse. On les prend facilement, en les retour-
nant sur le dos. La brièveté de leurs pattes s'oppose à
ce qu'elles puissent se relever.

Les doigts des tortues sont courts et peu mobiles,

FIG. 222. — Trionyx.

même dans les espèces terrestres ; dans les espèces marines (fig. 223), ils sont soudés entre eux et forment une
nageoire assez semblable à celle des baleines. Quelques
tortues se nourrissent d'herbes et de feuilles ; mais beaucoup mangent de petits animaux vivants, des insectes,

des mollusques. Les *Trionyx*, qui habitent les fleuves
(fig. 222) de la Caroline, de l'Égypte et de l'Inde, s'attaquent
à des proies assez volumineuses. Les oiseaux aquatiques
et même de jeunes caïmans sont souvent la proie de l'espèce américaine.

On trouve en France deux espèces de tortues : la tortue
grecque, éminemment terrestre, qui habite les Pyrénées-
Orientales, et la *cistude* commune, beaucoup plus répandue, mais qui sort rarement des marais et des étangs.

Dans la Méditerranée et l'océan Atlantique, on pêche
la *tortue luth* ou *tortue à cuir*, dont la carapace est re-

Fig. 223. — Le caret.

couverte par une peau épaisse ; la tortue franche
(fig. 13), avec laquelle on fait en Angleterre une soupe
verte très estimée ; le caret (fig. 223), dont les écailles se
recouvrent comme les tuiles d'un toit. La carapace de ces
deux dernières espèces fournit l'*écaille*, que l'on peut
mouler en la ramollissant dans de l'eau chaude et avec
laquelle on fait des peignes, des montures d'éventails,
des boîtes et autres objets de luxe.

Les crocodiles (fig. 224) atteignent une plus grande
longueur que les tortues ; leur largeur est bien moins considérable. Leur corps est couvert de plaques solides, mais

ces plaques sont plus nombreuses, plus petites, moins
résistantes que celles des tortues et indépendantes du
squelette; les doigts des crocodiles sont bien distincts;
leurs mâchoires, armées de dents formidables; leur
queue, longue et comprimée. Ce sont des animaux assez

Fig. 224. — Caïman ou crocodile d'Amérique.

agiles quand il fait chaud et que leur digestion est terminée; mais, une fois lancés à la course, ils changent
très difficilement de direction et il est dès lors aisé de
leur échapper, avec un peu de présence d'esprit. On les
trouve dans tous les pays chauds, et jusque dans des ré-

gions de l'Amérique du Nord, où l'hiver est assez rigoureux.

Les lézards reproduisent en petit la physionomie des crocodiles, bien que leur organisation soit beaucoup plus simple : leur queue se brise avec une extrême facilité et se reproduit de même, quoique d'une façon incomplète. Le *lézard vert* (fig. 18) et le *lézard gris* des murailles sont les espèces françaises les plus répandues. Une sorte de lézard du Midi de la France, le *gecko*, a les pieds organisés de manière à pouvoir grimper sur les plus lisses murailles verticales et à courir même sur les plafonds. L'*orvet* (fig. 173), qu'on appelle aussi quelquefois *serpent de verre*, à cause de sa fragilité, est un lézard sans pattes, commun dans diverses parties de la France. Il met au monde des petits vivants, comme la vipère, mais ne présente en aucune façon l'organisation des serpents. C'est, malgré sa mauvaise réputation, un animal complètement inoffensif.

Les serpents, dépourvus de membres, méritent, au contraire, en grande partie la terreur qu'ils inspirent. Il en existe, en France, plusieurs espèces. Les uns, qui portent le nom de *couleuvres*, sont complètement inoffensifs et rendent même de réels services aux cultivateurs en dévorant les rats et les mulots. Les autres, les *vipères*, de taille souvent plus petite, sont au contraire des animaux très venimeux et dont la morsure, toujours grave, est quelquefois mortelle.

Il est assez difficile de distinguer les vipères des couleuvres. Leur tête (fig. 225) est plus élargie en arrière, leur queue plus courte et plus grosse au bout; leur pupille est en forme de fente verticale, au lieu d'être arrondie; leurs écailles sont plus lâches et celles qui recouvrent la tête sont à peine différentes de celles du corps ou leur sont même identiques; mais il faut regarder de bien près pour reconnaître ces différences, et je ne vous conseillerais pas de procéder trop minutieusement à un tel examen.

Méfiez-vous toujours des serpents gris, tachés de noir
sur le dos et sur la tête, au corps raccourci, à la tête
large, qui se tiennent à demi dressés quand ils sont en-
roulés et que vous rencontrez dans des endroits secs, ro-
cailleux, exposés à un ardent soleil. Les grands serpents

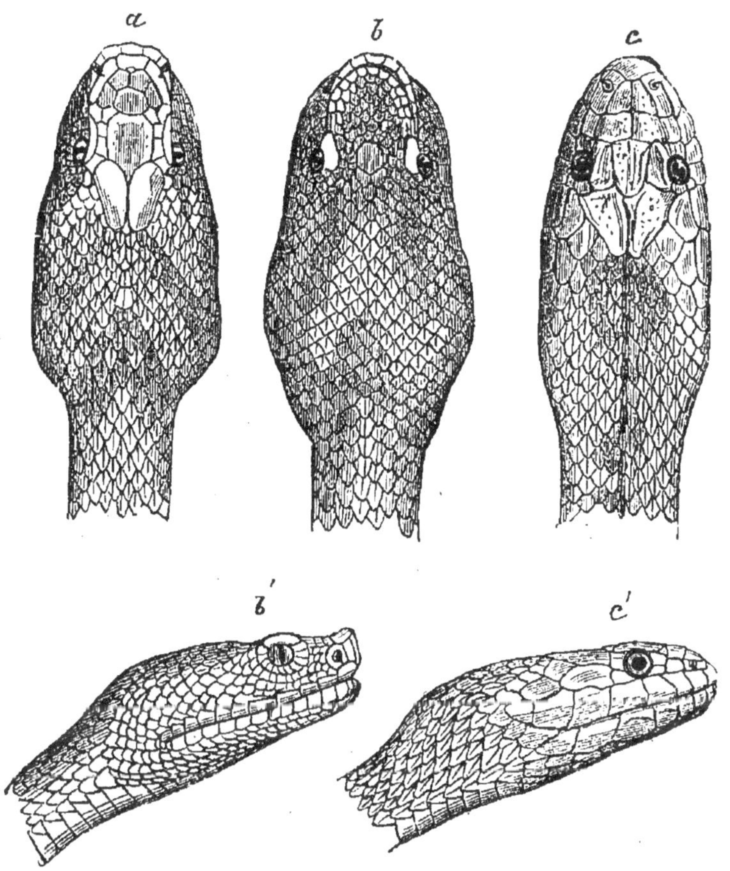

Fig. 225. — a, b, b′, têtes de vipères ; c, c′, têtes de couleuvres.

à ventre jaune et à écailles dorsales vert foncé, ceux qui
portent sur le cou un collier blanc bordé de noir et dont la
queue est terminée en pointe aiguë sont, au contraire, de
paisibles couleuvres, que vous pouvez laisser vivre ou
examiner en toute sécurité.

La plupart des reptiles ont l'habitude de faire rapidement sortir hors de leur bouche et d'y retirer vivement leur langue étroite, bifurquée au sommet, considérée par beaucoup de personnes comme un *dard* très dangereux dont les serpents se serviraient pour piquer leurs victimes. Ce dard ne saurait faire le moindre mal ; les serpents venimeux ne piquent pas : ils mordent à l'aide de deux dents longues, pointues, recourbées, qui sont traversées par un

Fig. 226. — Caméléon.

fin canal communiquant avec la poche à venin située au-dessus d'elles. Ces dents occupent, chez les vipères, le devant de la bouche ; elles portent le nom de *crochets*.

La langue du caméléon (fig. 226) lui sert cependant à capturer les petits insectes dont il fait sa nourriture. Il peut la lancer brusquement à une certaine distance, et elle est terminée par un petit tampon qui vient se fixer sur la victime, le saisit et la ramène vers la bouche. Ce n'est pas la seule particularité étrange que présente ce singulier animal, voisin d'ailleurs des lézards. Ses mouvements sont d'une extrême lenteur et il demeure des heures entières dans une immobilité absolue. Sa queue s'enroule en spirale autour des branches comme celle de certains singes et lui permet de se suspendre au-dessous d'elles; ses doigts sont divisés en deux paquets comme ceux des perroquets et dirigés trois en avant, deux en arrière; ses yeux sont gros, saillants, très mobiles, enveloppés par une peau couverte d'écailles, percée seulement d'une étroite ouverture; et l'animal peut les diriger l'un vers un objet, l'autre vers un objet différent, de manière à voir en même temps dans deux directions opposées; enfin, chose plus singulière, le caméléon peut changer de couleur suivant les émotions qu'il éprouve ou suivant les conditions dans lesquelles il se trouve placé; il peut passer du gris clair au jaune, au vert et même au noir. On trouve une espèce de caméléon dans le midi de la France et en Algérie.

Divers poissons, certaines grenouilles, notamment les rainettes de nos campagnes, possèdent, comme le caméléon, mais à un degré beaucoup moindre, la faculté de changer de couleur.

Les batraciens : grenouilles, rainettes, crapauds, salamandres. — Les grenouilles, les rainettes (fig. 227), les crapauds et les salamandres, formant le groupe des *batraciens*, paraissent, au premier abord, ressembler beaucoup aux reptiles; les salamandres surtout ont toute l'apparence de petits lézards (fig. 228). On les distinguera toujours à leur peau nue, à leurs habitudes plus ou moins aquatiques; nous savons, en outre, que ces animaux éprouvent des métamorphoses que les reptiles ne subissent jamais et qu'ils ressembleent beaucoup aux poissons pendant leur jeunesse. Les batraciens vivent généralement d'insectes et de mollusques et sont d'une extrême avidité.

Les grenouilles ont une chair blanche, agréable au

goût; on mange au Mexique une sorte de salamandre, l'axolotl; enfin, on entretient en Angleterre les crapauds dans les jardins pour les débarrasser des insectes. Ce sont les seuls profits que nous tirions des batraciens.

FIG. 227. — Rainette.

FIG. 228. — Salamandre terrestre.

Les poissons. — Les poissons sont infiniment plus nombreux à eux seuls que tous les autres animaux froids. Ils forment le fond de la population de nos rivières, de

FIG. 229. — Pêche du saumon.

nos étangs, de nos lacs et de nos mers. Les uns vivent exclusivement dans l'eau douce, les autres dans l'eau salée; mais il en est qui passent alternativement leur vie dans ces deux éléments. Les anguillés descendent les rivières et les fleuves pour aller pondre. Au contraire, deux espèces de lamproies, les esturgeons, les aloses, les saumons, les truites saumonées remontent les fleuves pour y déposer leurs œufs. De nombreux pêcheurs les attendent au passage et en font alors une grande destruction (fig. 229).

En examinant les pattes d'un mammifère, les pattes et les ailes d'un oiseau, les pattes d'un reptile et celles d'une grenouille, on reconnaît tout de suite entre ces membres une grande ressemblance : tous se décomposent en parties auxquelles on peut appliquer les noms de *cuisse* ou de *bras*, de *jambe* ou d'*avant-bras*, de *pied* ou de *main*, suivant qu'il s'agit d'un membre de devant ou d'un membre de derrière. Tous ces membres sont terminés par des doigts, qui sont ordinairement au nombre de cinq.

Mais, si on veut les comparer aux nageoires d'un poisson, on s'aperçoit bien vite que la comparaison est très difficile. Les os qui attachent la nageoire au reste du squelette sont courts et de forme toute particulière (fig. 144). Ils supportent, au lieu de doigts, un nombre considérable de *rayons* qui se bifurquent plusieurs fois sur leur longueur et sont eux-mêmes formés de petits os placés en ligne droite et infiniment plus nombreux que les phalanges des doigts. Ces rayons sont unis par une membrane très fine et la nageoire tout entière ressemble à un éventail déployé. Sous le rapport de leurs membres les poissons s'éloignent donc beaucoup des autres animaux vertébrés. On leur trouve cependant quatre nageoires à peu près placées comme les pattes de devant et les pattes de derrière des autres animaux; mais le long de l'épine dorsale et sur le milieu du ventre se trouvent d'autres nageoires semblables de forme aux précédentes; la queue elle-même prend la forme d'une nageoire et ces membres nouveaux sont tout à fait particuliers aux poissons, exceptionnellement bien doués sous ce rapport.

FIG. 230. — Lamproie de rivière.

Quelques poissons cependant, tels que les *lamproies* (fig. 230), sont privés de nageoires; les anguilles (fig. 231)

FIG. 231. — Gymnote ou anguille électrique.

n'ont que des nageoires antérieures, et cette absence de membres donne à ces animaux une curieuse ressemblance avec les serpents. La ressemblance est d'ailleurs tout apparente, car les anguilles ne peuvent vivre que peu de temps hors de l'eau, et, bien que certains serpents hantent volontiers les étangs et les ruisseaux, ils ne pourraieut jamais demeurer longtemps submergés sans mourir asphyxiés.

Fig. 232. — Poisson lune et tétrodon.

Le squelette des poissons est lui-même assez différent de celui des autres vertébrés. Chez beaucoup d'entre eux il demeure relativement mou, flexible, comme le montrent les rayons des nageoires de la raie. De très grands poissons, les requins, les esturgeons, etc., présentent aussi bien que les modestes lamproies cette forme incomplète du squelette. Leurs os conservent durant toute la vie cet état de *cartilage* qu'ils n'offrent chez les autres vértébrés que pendant le tout jeune âge. On donne le nom de *poissons cartilagineux* à ceux qui présentent ce caractère ; les autres sont les *poissons osseux*.

Beaucoup de poissons ont une forme très bizarre ; tandis que les uns sont allongés comme des serpents, d'autres, tels que le *tétrodon* (fig. 232), sont presque sphériques ; le *poisson-lune* (fig. 232) est au contraire arrondi et comprimé ; mais sa conformation est moins étrange encore que celle des turbots, des soles, des plies

Fig. 233. — Plie ou carrelet.

(fig. 233), etc., qui ont leurs deux yeux du même côté du corps et nagent ou se reposent toujours couchés sur le côté opposé.

Quand on ouvre certains poissons, les carpes notamment, on voit de suite à leur intérieur une assez volumineuse vessie remplie d'air que les enfants s'amusent parfois à faire éclater bruyamment sous leur pied. C'est la *vessie natatoire*, qui rend le poisson plus léger par rapport à sa grosseur lorsqu'elle se gonfle, le rend au

contraire plus lourd lorsqu'elle se vide, et maintient
sans effort le poisson entre deux eaux, de sorte qu'il
peut employer toute sa force à se lancer en avant sans
avoir à craindre d'être entraîné à la surface ou précipité
vers le fond. Cette disposition, commode ordinairement,
peut cependant devenir un danger ; quand le poisson,
dans un élan inconsidéré, est trop rapidement remonté

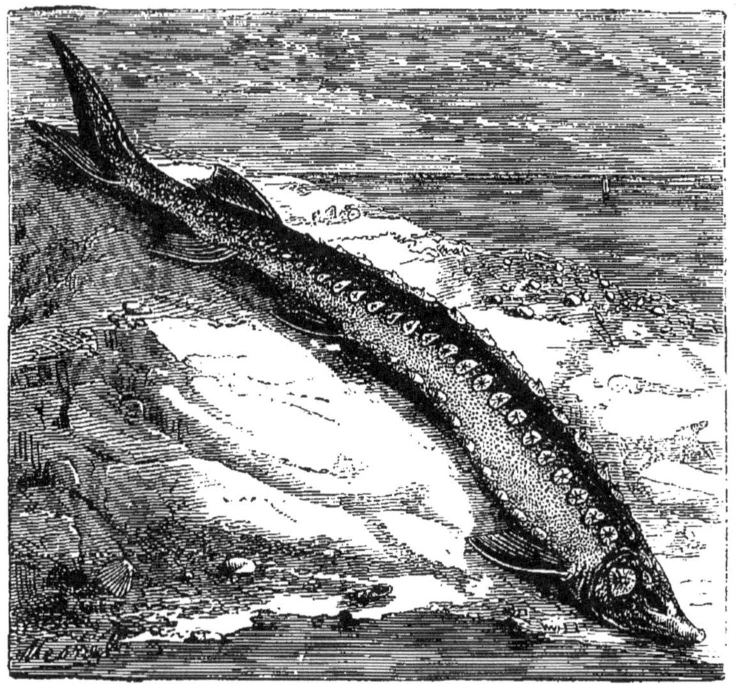

Fig. 234. — Esturgeon.

vers la surface, l'air qui remplit sa vessie n'étant plus
suffisamment maintenu par le poids de l'eau, la gonfle
de plus en plus ; le poisson, le ventre en l'air, est entraîné de plus en plus vite vers le haut, où il ne tarde pas
à devenir la proie des oiseaux de mer.

Les poissons entrent pour une part considérable dans
l'alimentation de l'homme. Ils ne lui fournissent

d'ailleurs qu'un très petit nombre de produits industriels. Les œufs de l'esturgeon (fig. 234) servent à préparer le *caviar*, dont les habitants des bords du Danube sont très friands. Sa vessie natatoire est employée à la fabrication de la *colle de poisson* ou *ichtyocolle*. Les tablettes de

FIG. 235. — Épinoches et leur nid.

colle à bouche ne sont, en grande partie, que de la colle de poisson artificiellement parfumée.

Les écailles d'un petit poisson de nos rivières, l'*ablette*, sont employées en grande quantité à la fabrication des perles artificielles.

La peau de certaines espèces de requins, convenablement préparée, devient le *chagrin* dont on se sert pour recouvrir des coffrets ou pour des reliures de prix. Teinte en vert, elle prend le nom de *galuchat*. Le foie des requins est imprégné d'une quantité énorme d'huile. Il en est de même de celui des raies et de divers autres poissons. Tout le monde connaît les usages médicaux de l'*huile de foie de morue*.

FIG. 236. — Baudroie.

On considère le plus souvent les poissons comme des êtres fort peu intelligents. Le fait est que nous les connaissons très mal, et nous serions peut-être étonnés de leurs qualités si nous pouvions les suivre dans toutes les phases de leur existence.

Quelques-uns prennent de leur progéniture un soin aussi touchant que pourraient le faire des oiseaux. Les *épinoches*, fort jolis petits poissons de nos rivières, con-

struisent un nid d'herbages (fig. 235) admirablement
façonné. Ce nid est l'œuvre du mâle, qui surveille aussi
les petits ; la femelle n'y vient que pour pondre. Des poissons de la Chine, les *macropodes*, construisent des nids
flottants en emprisonnant des bulles d'air dans une salive
visqueuse qu'ils produisent ; d'autres portent pendant un

FIG. 237. — Saut du saumon.

certain temps toute leur couvée dans leur bouche. Cette
tendre sollicitude suppose évidemment que les poissons
ne sont pas aussi mal doués qu'on le croit d'habitude.
Plusieurs sont susceptibles d'être apprivoisés. Il en est
qui emploient, pour s'emparer de leur proie, des ruses
vraiment étonnantes. La *baudroie* (fig. 236), par exemple, se sert des barbillons que porte sa tête comme de

lignes pour amorcer les petits poissons dont elle se nourrit.

Les poissons n'ont pas de voix; seuls les *trigles* ou *grondins*, voisins des *rougets* (fig. 243), produisent une sorte de grognement qui s'entend à une certaine distance, et les myliobates ou aigles de mer poussent, paraît-il, dans certains cas, des espèces de mugissements. Les poissons étant muets, on ne s'étonnera pas que leurs oreilles soient extrêmement simples; rien, en effet, ne permet de les reconnaître à l'extérieur. Il faut bien se

Fig. 238. — Torpille électrique.

garder de prendre pour les oreilles ce qu'on nomme ordinairement les *ouïes;* nous avons déjà vu que ce sont simplement les organes de la respiration. Les yeux sont très grands et les poissons paraissent jouir dans l'eau d'une vue perçante; ils sentent d'ailleurs certainement les odeurs.

Beaucoup d'espèces possèdent une étonnante vigueur musculaire. Les saumons franchissent d'un bond des cataractes de 4 à 5 mètres de hauteur (fig. 237), et les truites, leurs voisines, sont rarement arrêtées par les barrages de nos rivières.

Plusieurs jouissent de la singulière propriété de foudroyer subitement par une décharge électrique les petits animaux qui arrivent dans leur voisinage et causent même un engourdissement douloureux à l'homme et aux grands mammifères. On les appelle *poissons électriques*. Les plus remarquables sont une espèce de raie que l'on trouve sur nos côtes, la *torpille* (fig. 238); une sorte d'anguille d'Amérique, la *gymnote* (fig. 231), et un poisson du Nil et de plusieurs fleuves d'Afrique, la *malaptérure* (fig. 239), voisine des silures.

Presque tous les poissons sont bons à manger; aussi

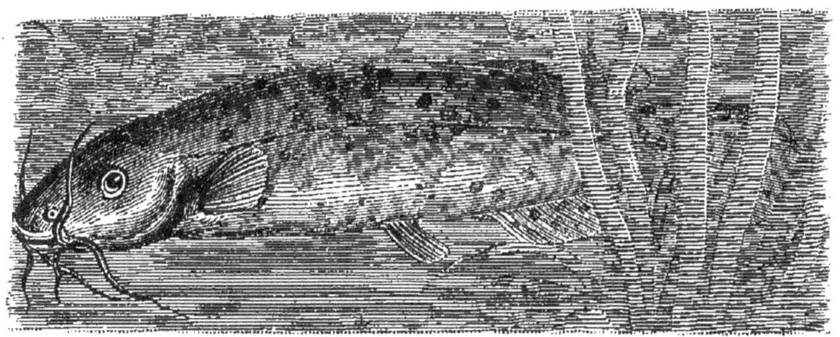

FIG. 239. — Malaptérure électrique.

sont-ils pour les habitants des bords de la mer une source précieuse de profit. La chair d'un petit nombre est cependant venimeuse et peut produire de violentes éruptions à la peau.

Dans nos fleuves, l'esturgeon, qui a très souvent 2^m,50 de long et atteint, dit-on, jusqu'à 6 mètres, est sur le Volga l'objet d'une pêche importante; on le trouve quelquefois dans nos fleuves de France. Les silures du Rhin, de l'Elbe, du Danube et du Volga, deviennent plus grands encore que l'esturgeon; on prétend qu'il en est d'assez forts pour dévorer des enfants.

Que sont à côté de ces géants des eaux douces notre brochet (fig. 240), qui ne dépasse pas 1^m,50 de long, et le saumon, qui nous paraît de si belle taille quand il arrive à 90 centimètres?

Les saumons (fig. 241) ont été de tous temps l'objet d'une pêche active dans la plupart des grands fleuves de

FIG. 240. — Brochet.

l'Europe; mais le peu de discrétion qu'on a mis dans ces pêches, le peu de soin qu'ont pris les industriels de leur laisser dans les fleuves un accès suffisant et de leur ménager une nourriture facile ont fait beaucoup diminuer leur nombre. Ce ne sont cependant pas encore des poissons rares. On estime au même degré ou davantage encore la chair de la *truite de mer* ou *truite saumonée* et celle de la grande *truite des lacs*, qui sont des espèces distinctes. Cette dernière nous vient habituellement de Genève.

On pêche encore habituellement dans nos rivières d'assez nombreux poissons. Citons-en quelques-uns : Les *lamproies* (fig. 230) sont reconnaissables à leur bouche circulaire, en forme de ventouse, et surtout à la série de trous qu'elles présentent de chaque côté de la tête et

Fig. 241. — Saumon adulte.

qui sont les ouvertures de leurs branchies; elles n'ont de nageoires que le long du dos et à la queue. Les grosses espèces passent une partie de leur vie à la mer; une autre, beaucoup plus petite, ne quitte pas les eaux douces.

L'anguille ressemble à la lamproie par la forme générale de son corps, mais elle a la bouche de forme ordinaire, des ouïes à une seule ouverture comme les autres poissons et une nageoire de chaque côté, en arrière de la tête; les congres et les murènes, auxquelles les Romains donnèrent quelquefois des esclaves à manger, sont de grandes anguilles de mer.

Tous les autres poissons ont, de chaque côté du corps, deux nageoires comme nous avons quatre membres. Tantôt ces nageoires sont éloignées comme les membres des autres animaux, tantôt elles sont toutes les quatre près de la tête.

Les brochets (fig. 240), les saumons (fig. 241), les truites, les carpes, les tanches, les gardons, les brèmes, reconnaissables à leur forme comprimée, les loches, pré-

Fig. 242. — Perche de rivière.

sentent la première de ces dispositions. Comme les morues (fig. 105) et les merlans, les lottes de rivière présentent au contraire la seconde ; on la retrouve plus ou moins prononcée chez divers poissons remarquables par la force des rayons de leurs nageoires, qui sont dures, allongées, pointues, et piquent cruellement quand on vient à saisir l'animal.

Ces *poissons à nageoires épineuses* sont représentés dans nos rivières par le chabot, l'épinochette, l'épinoche

(fig. 235), la perche (fig. 242), dont la chair est si appré-
ciée, etc. Le bar, sorte de perche marine, le rouget
(fig. 243), le maquereau (fig. 103), le thon (fig. 104) et
un très grand nombre d'autres poissons de mer ont également les nageoires ainsi défendues.

Nous avons maintenant passé en revue les plus grands
ou les plus remarquables *animaux vertébrés* de notre

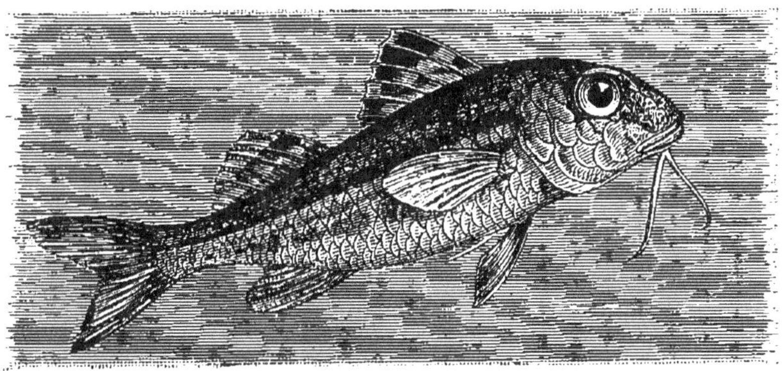

FIG. 243. — Rouget.

pays. Vous savez qu'il existe beaucoup d'autres animaux :
les articulés, les annelés, les mollusques, les zoophytes,
forment une immense armée infiniment plus nombreuse
que celle des vertébrés. Des vertébrés eux-mêmes nous
ne connaissons que les principaux. Il nous reste donc
beaucoup à faire, mais j'espère que ce premier voyage
dans le monde animal vous aura donné le goût de con-
tinuer vous-mêmes, dans vos promenades, les observations
et les études que nous avons commencées cette année.

F I N

TABLE ALPHABÉTIQUE

DES FIGURES

C

D

E

F

G

H

J

K

L

M

N

O

P

V

Z

FIN DE LA TABLE ALPHABÉTIQUE DES FIGURES.

TABLE DES MATIÈRES

QUATRIÈME LEÇON

CINQUIÈME LEÇON

SIXIÈME LEÇON

SEPTIÈME LEÇON

TREIZIÈME LEÇON

QUATORZIÈME LEÇON

FIN DE LA TABLE DES MATIÈRES.

PARIS. — IMPRIMERIE ÉMILE MARTINET, RUE MIGNON, 2

COURS D'ÉTUDES SCIENTIFIQUES

A L'USAGE DES CLASSES DE LETTRES

CONTENANT LES MATIÈRES INDIQUÉES PAR LES PROGRAMMES OFFICIELS

DU 2 AOUT 1880

Format in-16 avec figures, cartonné

Arithmétique, suivie du tracé des figures les plus simples de la géométrie plane, par M. Maire, instituteur à Paris (classe préparatoire et classe de 8e). 1 vol. 1 fr.

Arithmétique et géométrie uuselle, par M. Pichot, censeur du lycée Fontanes (classes de 7e, 6e, et 5e). 1 vol. » »

Arithmétique élémentaire, par le même. (classes de 4e, 3e et philosophie). 1 vol. 2 fr.

Algèbre élémentaire, par le même. (classes de 3e, seconde et philosophie). 1 vol. 2 fr.50

Cosmographie élémentaire, par le même (cl. de rhétorique). 1 vol. 2 fr.50

Géométrie élémentaire, par M. Bos, inspecteur d'Académie (classes de 4e, 3e, seconde, rhétorique et philosophie). 1 vol. 2 fr.

Éléments d'histoire naturelle des animaux, par M. Perrier, professeur au Muséum d'histoire naturelle de Paris (classe de 8e). 1 vol. 2 fr. 80

Éléments de zoologie, par le même (classe de 5e). 1 vol. » »

Anatomie et physiologie animales par le même (classe de philosophie). 1 vol. » »

Éléments d'histoire naturelle des végétaux par M. H. Baillon, professeur à la Faculté de médecine de Paris (cl. de 8e). 1 vol. 2 fr.80

Éléments de botanique, par le même (classe de 4e). 1 vol. » »

Anatomie et physiologie végétales, par le même (classe de philosophie). 1 vol. » »

Éléments d'histoire naturelle des pierres et des terrains, par M. A. Delage, maître de conférences à l'Ecole préparatoire à l'enseignement supérieur des sciences d'Alger (classe de 7e). 1 vol. » »

Éléments de géologie, par le même (classe de 4e). 1 vol. » »

Cours élémentaire d'histoire naturelle, par P. Gervais ;
Zoologie (classe de 5e). 1 vol. 3 fr.
Géologie et Botanique (classe de 4e). 1 vol. 3 fr.

Premiers éléments des sciences expérimentales, par M. Albert-Lévy (classe de 7e). 1 vol. 2 fr.80

Notions élémentaires de physique et de chimie, par M. Privat-Deschanel, proviseur du lycée de Vanves (classe de 6e). 1 vol. » »

Notions élémentaires de physique, par MM. Privat-Deschanel et Pichot, (classes de 3e, seconde, rhétorique et philosophie). 1 vol. 5 fr.

Éléments de physique, par M. Angot, ancien professeur au lycée Fontanes (classes de 3e, seconde, rhétorique et philosophie). 3 vol. Chaque volume. 2 fr.

Notions élémentaires de physique, par M. Boutet de Monvel, professeur au lycée Charlemagne (classes de 3e, seconde et rhétorique). 3 vol. Chaque vol 2 fr.

Notions de chimie, par le même (cl. de philosophie). 1 vol. 2 fr. 50

Notions de chimie, par M. Schutzenberger, professeur au Collège de France (classe de philosophie) 1 vol. » »